全国专业技术人员继续教育培训教材

QUANGUO ZHUANYE JISHU RENYUAN JIXU JIAOYU PEIXUN JIAOCAI

专业技术人员职业道德读本

人力资源社会保障部专业技术人员管理司 / 组织编写

董志超 / 主编

中国人事出版社

图书在版编目(CIP)数据

专业技术人员职业道德读本/人力资源社会保障部专业技术人员管理司组织编写；董志超主编. -- 北京：中国人事出版社，2020
全国专业技术人员继续教育培训教材
ISBN 978-7-5129-1562-6

Ⅰ.①专… Ⅱ.①人…②董… Ⅲ.①专业技术人员-职业道德-技术培训-教材 Ⅳ.①G316

中国版本图书馆 CIP 数据核字(2020)第 075727 号

中国人事出版社出版发行
（北京市惠新东街 1 号　邮政编码：100029）
*
保定市中画美凯印刷有限公司印刷装订　　新华书店经销
787 毫米×1092 毫米　16 开本　11.5 印张　155 千字
2020 年 7 月第 1 版　　2020 年 7 月第 1 次印刷
定价：26.00 元

读者服务部电话：（010）64929211/84209101/64921644
营销中心电话：（010）64962347
出版社网址：http://www.class.com.cn

出版说明

善于学习，就是善于进步。面对当今世界百年未有之大变局，面对进行伟大斗争、伟大工程、伟大事业、伟大梦想的波澜壮阔实践，我们就必须更加崇尚学习、积极改造学习、持续深化学习。专业技术人才是我国人才队伍的骨干力量，继续教育是专业技术人才队伍建设的重要举措。坚持党管人才原则，抓好专业技术人员继续教育，对于培养和造就一支规模宏大、结构合理、素质优良、具有国际竞争力的专业技术人才队伍，加快形成我国人才竞争比较优势具有重大意义。

长期以来，党和政府高度重视专业技术人员继续教育工作，《国家中长期人才发展规划纲要（2010—2020）》将专业技术人才知识更新工程确定为国家重点人才工程。2015 年，人力资源社会保障部颁布出台了第一部面向全体专业技术人员继续教育的部门规章——《专业技术人员继续教育规定》。2018 年 11 月，中共中央印发《2018—2022 年全国干部教育培训规划》，明确由人力资源社会保障部负责组织实施专业技术人员继续教育，并提出要加强教材建设，开发一批适应干部履职需要和学习特点的培训教材和基础性知识读本，开发各具特色、务实管用的培训课程和教材。

为贯彻落实《2018—2022 年全国干部教育培训规划》和《专业技术人员继续教育规定》，有效推动专业技术人员继续教育工作的深入开展，人力资源社会保障部会同中国科学院、中国人事科学研究院等单位，组织相关领域的专家学者，修订和编写了全国专业技术人员继续教育培训教材。这套教材突出政治引领，以提升专业技术人员思想政治素质和职业素养、创新创造创业能力为重点，以新理论、新知识、新技术、新方法为主要内容，着力引导广大专业技术人员的思想、能力、行动跟上党中央要求、跟上时代前进步伐、跟上事业发展需要。

本套教材根据专业技术人员在职培训和成人学习的特点，设置了导读、核心概念、典型案例、知识链接等栏目，不仅为教学活动和培训评估提供规范和指引，而且适合广大专业技术人员自学和延伸阅读。希望本套教材有助于广大专业技术人员完善知识结构、增强创新能力、提升综合素质，成为专业技术人员的知识更新之舟、能力提升之桥。

目 录

第一章
专业技术人员职业道德概述

本章学习目标

正确理解职业、职业行为及职业道德，熟悉专业技术人员职业道德的概念，了解我国专业技术人员职业道德建设的发展历史和现状，理解加强我国专业技术人员职业道德建设的紧迫性和必要性。

专业技术人员是推动我国科技创新和经济社会发展的骨干力量，也是我国人才队伍的重要组成部分。在实现中华民族伟大复兴、推进社会主义现代化建设的进程中，专业技术人员的整体素质对促进我国经济发展和社会进步起着至关重要的作用，而整体素质的高低与个体的道德品行的好坏息息相关。加强专业技术人员的职业道德建设必将对我国社会主义现代化建设事业产生重大而深远的影响。

第一节　职业、职业行为与职业道德

一、职业与职业行为

（一）职业

职业是社会生产力发展到一定阶段的产物，也是个人获得物质生活资料和精神满足的重要途径之一。在我国古代语境中，“职业”一词分为“职”和“业”两个词。“职”指职务，如“六卿分职”即为此意。“业”意为事务，在没有文字之前，人们将木板刻成锯齿状，来记录每日所做之事。每完成一件事，就去掉一刻；到事情都完成，正好尽数去除，这就是“修业”。遇到大事，就着重铭刻，称之为“大业”；事情多时，就相应多刻，称之为“广业”；士农工商事务各不相同，称之为“常业”；农若成了士就重新改刻，称之为“易业”。

“职业”一词连用，最早见于《国语·鲁语》：“昔武王克赏，通道于九夷百蛮，使各以其方贿来贡，使勿忘职业。”而在拉丁语系中，职业一词则具有明显的宗教色彩。英文“Vocation”一词源于拉丁文“Vocare”，是指经神感召而得的神职，同样，德语中“Beruf”一词也有天职之义，其中均包含着人们可以通过劳动赎罪的宗教思想。①

现代意义上的职业，是指为了满足物质和心理需要，个人担任的较为稳定的、社会性劳动的分工形态或角色。职业虽与“劳动”“工作”等词相近，但并不等同，主要包括四个层面的意义：第一，它具有相对稳定性，在一定历史时期内存在并延续；第二，它是一种社会分工和社会角色，需要得到社会认可，并且具有服务社会的效果；第三，它可以满足个人物质生活需要，即能够成为个人谋生的主要手段；第四，它也具有满足个人精神需求的作用，如帮助实现个人价值等。因此，职业不是一般意义的简单工作，也不仅是谋取生活来源的劳动。② 它通常具有以下特性。

第一，目的性。任何一种职业均有其特定的目的或功能，单纯的无目的的劳动活动仅仅是劳动而非职业。职业的目的一方面是满足个人的物质和精神需要，获得生存基础与实现人生价值；另一方面则是满足社会需要，承担社会发展之职责。虽然这两方面的外在表现有所差异，但在本质属性上却是一致的、统一的。

第二，实践性。职业目的的实现需要依赖发生物质改变和精神创造的职业活动，可以说，职业的实践性体现在职业活动中。一方面，只有职业具有实践性，才能真正检验一类职业是否符合社会发展需求，是否是“真的”职业；另一方面，实践性决定了人在职业形成中的主体作用，并反映着个人职业活动的智力与体力水平。

第三，客观性。职业作为一种社会活动形态，在一定时期内必然要反映当时的政治经济文化环境，但总体来说，职业是在社会性劳动分工的基础上萌芽发展的，它反映了人与人之间的社会网络关系。可以说，只要人与社会发生关系，职业就是客观存在的，其在根本上反映的是物质和精神利益而非阶级利益。

第四，社会性。职业不是自始存在的，而是社会生产力发展到一定阶段

---

① 刘彦文. 职业的含义、特点及发展趋势［J］. 职业，2008（31）.

② 张洪林. 职业学［M］. 哈尔滨：黑龙江人民出版社，1992：23-30.

的产物，是人、自然与社会发生交互作用而形成的。具体而言，社会需求加快了新职业的产生，社会认可促进了职业的成熟，而社会发展推动了旧职业的消亡。社会性是职业区别于其他劳动的基本属性之一，不具有社会性的劳动必然不是职业活动。

第五，稳定性。职业是伴随着劳动分工而逐渐形成的，不同的职业自然具有不同的劳动内容，而同种职业的劳动内容则是相对固定的。因此，不同从业者的职业活动不会改变职业的性质，职业的稳定性是进行职业分类的前提。当然，每个时代的职业会随着社会发展而有所调整，由于社会和科学技术的发展变化以及人们生活方式、习惯等因素的变化，职业会被打上时代的烙印。

第六，技术性。职业的实践性决定了职业活动的过程重在创造价值，任何职业都要求从业人员在执业之初了解干什么、怎么干。“术业有专攻”意味着从古至今每一类职业不论简单抑或复杂，不论是属于传统职业还是现代职业，都具有其特殊的专门的职业技术。而职业群体的形成更加速了技术的传播与更新，使职业的技术性成为其重要属性。

（二）职业行为

职业行为是指在人们一生中对职业的认识、评价、情感和态度等心理过程的直接或间接行为反映，它的形成受到人与职业环境、职业要求、职业发展等因素相互关系的影响。职业活动必然表现为职业行为，具体来看主要包括：第一，职业角色行为。不同职业的特定职责决定了人们在职业活动过程中需要扮演不同角色，这也是社会角色的体现。如工人职业角色行为、教师职业角色行为、医生职业角色行为等。第二，职业自觉行为。在长期的职业活动中，人们往往会基于职业的社会属性而形成职业自豪感和归属感，进而开拓进取、锐意创新、甘于奉献，忠实、主动地为社会和国家而劳动。第三，职业强制行为。职业行为虽是人们对职业的心理映射，但因职业的本质是一种社会活动，故职业行为必须受到法律法规、制度规范、道德评价的约束，进而使职业行为具有一定的强制性。第四，职业竞争行为。职业活动具有经济性与逐利性，出于获得更多报酬而满足自身物质、精神需求的考虑，在同类职业中往往会出现竞争行为，从宏观上看这也是推动技术进步、产业升级的内在动力。第五，职业协作行为。任何一类职业均无法独立存在于社会活动中，尽管劳动分工的专业化突出了职业群体的专业性特质，但除了群体内部需要加强技术交流、提高生产效率外，群体与外部亦需要共同协作，推动社会整体效率的提升。

二、道德与职业道德

（一）道德

“道德”一词最初包含“道”与“德”两个词，但二者都意在指导人们如何与自然及他人相处。“道”原是指万事万物变化的规则、规律，而“德”通“得”，意指得到、舒适。许慎曾言“德，得也，外得于人、内得于己也”，充分体现了“德”所囊括的“使他人和自己均有所得、共处和谐氛围”的内涵。先秦思想家管仲将二字融合为一，形成“道德”，并逐渐将道德归纳为遵循一定的自然规律且有益于他人及自己的思想与行为。道德内存于心、外化于行、固化于制，因此又包含个人品性修养、行为表现及原则规范等含义。

而在西方，道德一词源于拉丁语“mores”，原意是“习惯”与“风俗”，后将其引申至“行为原则规范、评价是非善恶”之义。事实上，西方一些社会学、心理学者认为，道德虽源于人之生理需求，但服务于社会关系之调节。进而言之，处于复杂社会关系中的个人，其需求并不总与他人及社会需求一致；且在某些情况下，二者常常存在冲突。为缓和此类冲突，调节人与人、人与社会的关系，人类社会必须形成一些基本的、必要的社会成员共同遵守的行为规则，道德等行为规范由此产生。

如上所述，从起源上来看，道德是调整人与人、人与社会关系的行为规范的总和。道德与法律、章程、纪律等行为规范的不同之处在于，它在本质上是依赖个人内心意志而对其外部行为产生影响的，通过社会舆论、风俗习惯、榜样激励以及思想教育等形式对个人内心的影响而发挥其调节作用。因此，道德调节要求个人必须对自己的行为做出有意识的、必要的约束。当然，马克思主义认为道德调节能将个人利益与社会利益有机地统一起来，二者并非对立或分裂的关系。进而也应认识到，维护与满足个人正当利益并不与道德约束相对立，道德约束是以尊重个人的责、权、利为基础的。

另外，需要注意的是，道德并非是一成不变的，它兼具时代性与稳定性。一方面，道德作为一种社会意识形态，随着经济关系的变化而变化，因而具有明显的时代性特征。另一方面，道德在社会关系网络中形成，社会中的民族风俗、传统习惯、社群心理等都会给道德的内容打上显著的烙印，并对该社会群体产生长久的影响。

综上所述，道德是一种社会意识形态，通过人们的内心信念、社会舆论、风俗习惯等社会手段而起作用，既具有稳定性又蕴含时代特征。道德的本质特征是规范性，即通过要求个人做出必要的节制和约束来实现社会整体利益；同时，道德亦保护个人正当利益的实现。

（二）职业道德

职业道德是调节职业关系、规范职业行为的准则和规范。它同职业行为密切相关，包括职业伦理、职业理念、职业操守、职业禁忌等多方面的内容。

职业伦理是从社会伦理的角度对职业行为的总体性价值要求，它与职业道德紧密联接，但又不简单地等同于职业道德。如《中国科学院关于科学理念的宣言》中郑重宣示的不懈追求和捍卫真理的科学精神，就是对科学伦理的集中概括，它与科技工作者科学道德规范要求的“坚持科学真理、尊重科学规律”相契合，又是这一规范要求的依据。著名的“希波克拉底誓言”之所以盛行 2 000 多年，并被全世界的医生奉为职业道德圣典，根本原因就在于它昭示了医生职业伦理的重要观念，如不论患者尊卑贵贱都要竭尽全力行使医生的责任。这也印证了职业伦理与职业道德的内在联系。

职业理念是对职业价值观念的认知与概括。从基本的意义讲，包括职业理想、职业态度、职业责任和职业荣誉感等内容。如教师职业道德强调的忠诚于人民的教育事业、关心爱护学生、坚持育人为本、为人师表、终身学习等，就是对教师职业理念的具体诠释，也体现了当代教育观念下教师职业行为新的境界。

职业操守即通常所说的职业活动的行为规范，是职业道德的核心要素。不同的职业，由于职业特点、职业责任、职业利益不同，对职业活动行为规范的要求也不同。但“敬业”是所有职业共同的、首要的、最基本的职业操守。

职业禁忌是职业行为规范中的禁止性条款，如《银行业从业人员职业操守》明确规定银行业从业人员“不得违反法律法规和所在机构关于客户隐私保护的规定，透露任何客户资料和交易信息”；《律师职业道德和执业纪律规范》中明确规定律师“不得伪造证据，不得怂恿委托人伪造证据、提供虚假证词，不得暗示、诱导、威胁他人提供虚假证据”。

从职业道德与道德的关系来看，职业道德是道德在职业行为中的具体化。同道德产生的背景相似，职业道德是为正确处理职业行为中涉及的社会关系而逐渐形成的。具体而言，职业道德调整职业群体内部成员之间的关系、不同职业群体之间的关系、职业群体与社会其他成员之间的关系。加强职业道德建设，不仅有助于提升从业人员个人道德素质和综合职业能力，更有助于良好和谐的社会风尚的形成。可以说，有了职业道德，“职业”一词才更为饱满、丰富。《周易·乾·文言》指出：“君子进德修业。忠信，所以进德也；修辞立其诚，所以居业也。”所谓“进德修业”，一是通过读书修身养性，澡雪精神，使道德达到至美至善之境；二是通过读书来增强学识，获取专长，以便在社会上谋求必要的生存与发展。可见，“业”与“德”是密不可分的。

职业道德作为人们在职业行为中的规范与准则，首要功能就是为社会评价职业行为的“是非”“善恶”“美丑”提供相对确定的标准，从而规范和端正从业人员的职业行为。总体来看，职业道德具有以下特点。

第一，实践性。职业道德通过影响从业人员的内心信念而最终以对外行为的形式表现出来，这就说明只有通过实践才能体现从业人员职业道德的水准。而从道德的起源来看，它是调节人与人、人与社会关系的行为规范和准则，即通过规范人的实践性行为而解决具体的道德冲突。

第二，多样性。职业的多样化决定了职业道德具有多样性。随着社会专业化分工的不断细化，职业分类也愈发精细，基于不同职业的行业特点和任职要求，对应的职业道德规范内容亦有所区别。当然，职业道德规范也有其共性特征，如“诚信”“敬业”等是各类职业道德的共同要求。

第三，技术性。不同于社会公德和家庭美德，职业道德是道德在职业行为中的具体化，因而被打上了浓厚的职业烙印。技术性是职业的重要特征之一，也是区分职业道德与社会公德、家庭美德的关键因素，它反映着职业活动对从业人员的职业行为及任职能力的要求。

第四，历史性。职业道德是历史发展的产物，而在历史的悠悠长河中，总有一些亘古不变的精神和品质值得继承和发扬，这便成为职业道德的核心。同时，由于职业道德属于文化建设范畴，一个民族、一个国家的文化继承性必然会深深影响职业道德内涵的继承性。

第五，时代性。一个社会的职业道德总是与所处的历史阶段相适应，与当下的经济发展状况相适应，具有鲜明的时代性。党的十九大报告明确指出：“加强思想道德建设，深入实施公民道德建设工程，推进社会公德、职业道德、家庭美德、个人品德建设，激励人们向上向善、孝老爱亲，忠于祖国、忠于人民。”在新的历史背景下，职业道德也被赋予了新的时代内涵。

第二节　专业技术人员的职业道德

专业技术人员职业道德是专业技术人员在职业活动中的行为准则，也是社会评价职业活动的基本衡量尺度。深入理解专业技术人员职业道德，不仅能有效引导和规范从业人员的职业行为，而且能够充分发挥专业技术人员的示范作用，提升整个社会的道德风貌。

一、专业技术人员的职业行为及道德约束

（一）专业技术人员的职业行为

根据《中华人民共和国职业分类大典》的定义，专业技术人员是指从事科学研究和专业技术工作的人员，包括科学研究人员，工程技术人员，农业技术人员，飞机和船舶技术人员，卫生专业技术人员，经济和金融专业人员，法律、社会和宗教专业人员，教学人员，文学艺术、体育专业人员，新闻出版、文化专业人员，以及其他专业技术人员等职业类别，每个职业类别又包含若干具体职业。

由此可见，专业技术人员从事着各种各样的职业，其职业行为各具特色；但作为专业技术人员职业群体的一部分，其职业行为也存在一些共同特征。

1. 专业性

格林伍德在其《专业的属性》中指出，构成专业性的要素有五项：系统理论、专业权威、社会认可、伦理守则和专业文化。同时，要成为专业技术人员，必须接受系统的教育和长期的学习训练，并通过考试获得相关部门颁发的职业资格证书，这既有对技术能力的要求，也有对从业资格的限制。因此，专业技术人员职业行为的专业性可以从技术与资格两个角度来理解。一是“技术专”。专业技术人员的职业对从业人员的知识结构和能力水平通常具有特定要求，若未经系统的学习和训练，则很难从事此类职业活动。二是“资格专”。专业技术人员的职业行为通常要求从业者具备一定的职业资格，对于“准入类”职业，没有获得相关专业的执业许可，是不能执业的，比如医师、律师、会计师等。对于“水平评价类”职业，虽然没有“准入类”职业的要求，但一般也对从业资格有一定要求。因此，一般职业中所掌握的技术并不能同专业技术人员职业活动中所需的专业技能混为一谈，普通人掌握一些专业知识并不意味着就可以从事专业技术人员的工作。

2. 客观性

专业技术人员职业行为的客观性源于技术本身的中立性。技术本身并没有好坏之分，关键在于如何使用它。例如，核技术可以带来源源不断的能量，也可以造成令人恐惧的毁灭；基因技术可以带来医学的突破，也可以造成突变的灾难。同样，医生的手术、律师的辩护、体育裁判的判罚都可能导致两种完全不同的结果。技术的中立性赋予了技术使用者至关重要的决定权。

日常生活中，我们在接触律师、医生、证券经纪人等专业技术人员时，希望他们能够全面、准确地提供信息和服务，不夹杂个人情感、动机和目的。律师要让当事人全面而准确地了解自己行为的法律性质和可能后果，医生要让患者全面而准确地了解自己的病情和治疗方案，证券经纪人要让客户全面而准确地了解市场动态、产品优劣和投资风险。当然，专业技术人员不可能掌握一切，“全面而准确”是基于专业技术人员所能掌握的信息和技术，这就是职业行为的客观性。

3. 发展性

专业技术人员是脑力劳动者和知识工作者，他们的职业行为主要表现为创造知识，或者创造性地运用知识解决实践问题。实践是不断变化的，知识也是不断更新的，这就决定了专业技术人员必须始终坚持与时俱进，随着时代的进步和知识的更新而不断地进行自我提升和发展。

当今时代是信息爆炸的时代，随着人们认知能力的不断提高和各种先进技术工具的不断问世，知识更新换代的速度也越来越快。当然，在知识更新的同时，新问题也在不断涌现，如新的科学研究领域、工程技术难题、医学疾病和经济困境等。这些不断出现的新问题对专业技术人员的职业行为提出了新的要求。因此，专业技术人员只有时时关注实践中出现的新问题，始终站在专业领域的前沿，不断学习新知识和新理论，才能准确地运用知识解决问题，进而不断地强化职业能力，适应职业行为的专业性和客观性要求。

（二）专业技术人员职业行为道德约束的意义

专业技术人员的职业行为不是孤立地发生的，而是随着频繁交叉的职业活动处于相应的社会网络关系之中；同时，道德的目的在于调整社会关系，在于实现个体利益与社会整体利益的统一。因此，为促进社会整体利益最大化，个体职业活动接受相应的道德约束也就成为必要，这就是道德约束对专业技术人员职业行为的意义之所在。其具体表现为：

1. 有利于维护社会秩序

职业源于社会分工，各类职业如细胞之于肌体一般维持着国家与社会的正常运转。然而，某一职业行为往往反映某一局部、团体或个人利益，职业的经济性又极易诱发不同职业之间相互竞争，甚至是造成与社会整体利益相违背的局面。面对这些冲突与矛盾，除了运用行政和法律手段进行调节外，还要依靠道德力量予以约束。道德通过规定社会义务与责任来调节各职业之间以及职业与社会整体之间的利益冲突，使各种职业发挥其维持社会正常运转的功能，促进社会稳定发展。

2. 有利于促进职业协作

各种职业间除了竞争关系外还存在协作关系，尤其在社会分工愈发细化的今天，任何职业均难以独立地完成工作任务。在社会主义市场经济条件下，道德约束成为不同职业之间利益调节的平衡器和合作共赢的连接线，也是保证和协调各种职业之间平等互利关系的社会规范基石。

3. 有利于提高服务质量

职业一般都有自己特定的服务对象，如教师服务于接受教育者，律师服务于纠纷争讼者，金融工作者服务于投融资者。赋予不同职业相应的道德约束，有利于促进从业人员忠实、勤勉地履行职责，建立并维持服务提供者和服务对象间和谐融洽、互惠互利的社会关系，提高社会整体服务质量与职业水平。

4. 有利于促进个人发展

现实生活中，每个人选择职业不仅会考虑薪金收入、社会地位、发展前景、社会意义等基础因素，还会受到其他外部因素的影响。无论从业人员的职业选择出于什么原因，职业道德约束都能在一定程度上规范从业人员的行为，使之在外部规范的影响和压力下及时调整职业行为和情绪，从而促进个人长远发展。

二、专业技术人员职业道德的历史渊源

（一）以“仁爱”思想为核心的中国古代职业道德

5 000 多年的历史发展创造了博大精深的中华文化，而中华文化是一个以伦理为内核的价值系统，从某种意义上讲，中国传统道德是中华民族思想文化传统的核心。它崇奉以儒家“仁爱”思想为核心的行为方式，讲求和谐有序，倡导“仁、义、礼、智、信”，立足“诚义”“正心”“修身”，以达到“治国平天下”的道德理想和人生境界。在中国传统道德文化中，具有优良传统的职业道德精神和行为规范是不可或缺的重要组成部分。

我国战国时的《周礼·考工记》根据在社会分工中发展起来的不同职业，提出了王公、士大夫、百工、商旅、农夫和妇功六种职业以及与之相适应的职业责任、特征和职业道德原则。随着社会的进步和发展，逐渐形成了对官、吏、将、士、师、农、医、工、商、艺等各种职业的道德规范，并深入到职业活动领域，深刻影响人们的精神生活，构成了我国传统职业道德的重要内容。这些职业规范，对各类从业者进行管理和教化，可以使人们安其业。教师和医生是人类社会中最古老、最传统的职业，师德和医德也是传统专业技术人员职业道德规范的代表。

教师是一个十分重要的道德示范群体。在漫长的历史发展中，教师“传道、授业、解惑”的职业特点促使他们成为学生、家长和社会所尊敬、学习的道德榜样。第一，仁者爱人，德育为首。自春秋战国以来，无论是官学还是私学，教师都以德育为首，德育的内容都将以孔子为代表的儒家为人处世之道作为学生学业和人生之本。孔子以“仁者爱人”为最高道德准则，把“仁”作为最高的道德原则、道德标准和道德境界。“仁者爱人”的核心是爱

人，也就是人们互存、互助、互爱的意思，其基本含义是指对他人的尊重和友爱。“仁”的思想实际上就是做人的规范，即鼓励学生要学会“立志”“克己”“力行”“中庸”“内省”“改过”，以此提高自身道德修养。第二，因材施教，诲人不倦。教师要有“有教无类”“因材施教”“学而不厌，诲人不倦”等教育理念和方法，在教育实践中要不分等级、贫富、贵贱、智愚，一视同仁，真心教诲；根据学生不同的特点，施以不同的教育；在教学中要采取积极的态度，以自己最大的诚意和耐心去教育学生。第三，为人师表，言传身教。教师对学生具有强烈的示范性，这就要求教师在思想、品德和作风方面必须成为学生的表率。凡是要求学生做到的，教师都应该首先做到，因为学生往往是“度德而师之”。这包含一种严于律己、宽以待人的品德。在重视自身道德修养过程中，教师还要注重人格的建立。儒家的理想人格是“圣贤”，要求教师在传播文化的同时不断地加强学习，在促进学生人格形成的同时使自身人格也更趋完善。

中医药是我国传统文化的典型代表之一，历史悠久，源远流长。伴随着中医药职业活动的发展，在我国传统的儒家、道家等思想的影响下，“仁爱为怀，济世活人”成为中国传统医德的核心思想和基本原则；同时，我国中医药行业历来注重医德规范、仁心医术，强调主体的道德修养，强调医患关系和谐。第一，尊重和珍视生命。古人认为，“人”和“生命”有着至关重要的价值。医学典籍《黄帝内经》中说：“天覆地载，万物悉备，莫贵于人。”这些论述都说明了医生要尊重生命，必须以救死扶伤为职责。第二，奉行“医乃仁术”的行医宗旨。“医乃仁术”是儒家的仁与医学本质的结合，它要求医学在任何时候都要坚持以人为本。历代医家皆以“医乃仁术”为行医宗旨和医德的基本原则。明代陈实功在《外科正宗》中提出“医家十要”，其中第一“要”为：先知儒理，然后知医理。第三，坚守“普同一等”的行医原则。元代朱震亨是当时声望很高的名医，“四方以疾迎候者无虚曰，先生无不即往，虽雨雪载途，亦不为止”。宋代医生张柄，治病救人“无问贵贱，有谒必往视之”。在等级森严的封建社会，我国古代医家不分贫富贵贱，践行

“普同一等”的行医原则是十分可贵的。第四，注重自身的道德修养。古代医生多属于读书人，他们非常重视医德修养。例如，唐代名医孙思邈作为一名被历代医家所推崇的“精诚大医”，十分重视道德的自律和修养，被人称为“孙真人”和“药王”。世代德艺双馨的良医通过自己的辛勤劳动，实现了职业道德理想，为世人起到了很好的道德示范作用。

（二）从“良心自觉”到“职业行为准则”的国外职业道德

资本主义经济的发展和工业化大生产促进了职业活动的大规模扩张，职业道德也因此有了较为深入的发展。总体来看，国外专业技术人员职业道德发展大都经历了从无成文规则向有成文规则、从依靠良心和道德自觉性向依靠职业资格规定等外部规则演变的过程。社会伦理主义的泛职业伦理思想、专业主义的职业伦理思想以及去伦理化的管理规制主义思想等，成为职业道德不同发展阶段的指导思想。

早期的职业伦理是从社会伦理的角度出发，要求从业人员的言行要符合全体公民预期，将违反职业道德的行为与“恶”相关联，将遵循职业道德的行为与“善”相关联，完全依靠道德自觉来规范职业群体的行为。尽管通过“良心谴责”“忏悔”等良心自觉在一定程度上约束了部分专业技术人员的职业行为，但由于缺乏外部监督，基于泛职业伦理思想的职业道德约束力较弱，出现了一些造成恶劣社会影响的违反职业道德的行为。在这种背景下，推动职业行为的规范化，将职业道德纳入专业化程度较高的职业教育之中，成为必然趋势，专业主义的职业伦理思想随之诞生。专业主义的职业伦理思想希望通过对专业化程度较高职业的从业人员施以系统性教育，尤其是将职业道德纳入专业教育和职业教育之中，从而使职业道德内化于心。然而，无论是镶嵌于社会伦理主义的泛职业伦理思想还是专业主义的职业伦理思想，都难以保障职业道德规范的强制力和约束力，职业规范主要还是依赖从业者的道德自觉。为了更好地推进职业道德规范的落实，一些行业协会发起了“行业规范的去伦理化”“行业规范的规制”等行动，并辅之以相应的惩戒机制和行业组织管理，以推动职业道德规范的贯彻实施。对于这种实践，理论界一般称为“管理主义”，即通过更细化的管理来落实职业道德规范。[1]

三、专业技术人员职业道德的特点

专业技术人员职业道德是指从事科学研究和专业技术工作的人员在职业活动中应当遵循的道德，是道德规范在专业技术人员职业活动中的具体化，是调整专业技术人员职业关系，规范专业技术人员职业行为的道德规范。专业技术人员职业道德以责、权、利统一为基础，要求从业者对社会尽职尽责、自觉履行职业义务。总体来说，具有以下特点。

（一）专业性

专业技术人员是具有从事科学研究和专业技术工作能力的人才资源，通常来讲，他们接受过系统性的专业知识教育，并依靠自身专业知识和技术从事相关职业活动。比如，教育工作只能由教师完成，医疗工作只能由医生完成，高精尖类科研任务只能由各学科科研人员完成，而其他从未接受过该领域教育的人员无法完成相关职业活动，因此，专业技术人员在一定程度上具有不可替代性。基于上述原因，较其他职业群体的职业道德而言，专业技术人员的职业道德更具有专业性、针对性，从事特定领域工作的专业技术人员必须对自己的职业和工作高度认真负责，热爱本职工作，以崇敬、严肃的态度对待职业，对本职工作一丝不苟、尽心尽力、忠于职守，为实现职业的目标而努力奋斗。

（二）历史性

专业技术人员的职业道德是历史发展的产物，它随着社会分工和职业的出现而逐步萌芽产生，并随着社会生产力的发展而不断丰富和完善。不同时代的专业技术人员职业道德在各个历史发展阶段呈现出不同的特点，又存在着明显的继承性。同一种职业因服务对象、服务手段、职业利益、职业责任和义务相对稳定，职业行为道德要求的核心内容被继承和发扬，从而形成了

---

① 孙青平. 职业伦理与道德的新视角研究［J］. 河南社会科学，2010（6）.

被不同社会发展阶段普遍认同的职业道德规范。比如，诚信和公正作为中华民族的优秀传统美德，始终是职业道德的基本要义，也始终是社会评价专业技术人员职业道德水平的重要标准。

（三）时代性

伦理学认为，道德并不是一成不变的，它会随着经济社会发展状况的变化而变化。专业技术人员的职业道德也是如此，一个社会的职业道德总是与所处的历史阶段相适应，与经济发展状况以及政治管理体制相适应，具有鲜明的时代性。在当今时代，职业道德在我国国家治理、社会进步和经济发展中扮演的角色正变得越来越重要，彰显着鲜明的社会主义特色，映射着强烈的时代需求。社会主义的本质是人民当家做主，职业道德必然要求专业技术人员在职业活动中要了解群众需要，听取群众意见，端正服务态度，提高服务质量。

（四）社会性

专业技术人员职业道德对社会所承载的责任和义务是社会存续和发展不可或缺的。如果专业技术人员群体不能尽到应有的社会责任和义务，会对整个社会构成严重的威胁和伤害，如教师不以教书育人为使命，其对社会的危害是不言而喻的。专业技术人员职业道德的社会性具体表现为专业技术人员必须自觉履行对社会、对他人的职业义务，自觉地努力地为社会、为他人做出贡献，为社会发展承担本职业特有的责任和义务。

四、专业技术人员职业道德与其他规范的关系

（一）专业技术人员职业道德与其他道德的关系

道德与专业技术人员职业道德是包含与被包含的关系。道德不仅包括职业道德，还包括社会公德、家庭美德等；专业技术人员作为社会成员，也应遵循相应领域的道德规范。当然，不同领域的道德规范有不同的调整范围，职业道德是道德规范在职业活动中的具体化，它调整的是专业技术人员的职

业活动，规范的是专业技术人员的职业行为，处理的是职业活动与社会需求的关系、职业群体内部成员之间的关系、不同职业之间的关系，因而具有强烈的职业群体色彩和职业属性。职业道德的内容与职业活动紧密相连，反映着特定职业活动对从业人员行为的道德要求；而职业活动对从业人员的道德要求与社会活动、家庭活动对人们的道德要求是不同的，它要体现职业特征和从业人员的行为特征。

值得注意的是，职业道德具有公德、私德双重属性。职业道德是职业活动中的行为准则。这一准则集中体现了人们对社会劳动的责任义务和态度，是社会公德在职业活动中的具体化。同时，社会劳动是通过个体的行为实现的，职业道德包含了对个人道德品质的要求，如诚信、友善在作为职业行为规范的同时，也是个人品德修养的重要内容。所以，职业道德是做事和做人都必须遵循的原则。

（二）专业技术人员职业道德与法律规范的关系

专业技术人员的职业活动所依赖的是专业的知识和特有的技术专长，可以相对独立地行使专业职权，而外行很难对业内行使专业职权的情况作出客观的评判。因此，职业道德的核心就是对专业技术人员的自主权和行为进行约束。这种约束规定了专业技术人员的职责范围，起到了控制和调适专业技术人员行为的作用，而这种调适作用一方面是依靠习惯、舆论、信念等内在自律方式，另一方面，往往还借助于法规、规章、制度等外在他律方式，有法律效力和行政效力作为保障。从这一角度来看，专业技术人员职业道德与法律规范既有区别又有联系，区别在于职业道德的自律性更强，往往通过习惯、舆论、行业组织规则等方式对从业人员予以约束，而不是依靠国家机关强制执行的保障；联系在于二者的核心价值具有共性，对于那些对职业活动极为必要的约束，则采用法律的方式为职业道德赋予强制执行力，从而调整专业技术人员职业行为。

五、专业技术人员职业道德规范的分类

职业道德规范内容丰富、覆盖广泛，既有原则性的规定，又有具体性的要求；既有普适性的指引，又有行业性的准则。从不同视角，我们可以将专业技术人员职业道德规范划分为不同的类型，这将有助于全面理解和把握专业技术人员职业道德的概念。

（一）原则性规范和具体性规范

根据职业道德规范的抽象程度不同，可将其划分为原则性规范和具体性规范。原则性规范是指具有高度抽象性与概括性，在总体上对专业技术人员职业行为进行指引和约束的职业道德规范；具体性规范是指具有特定性和明确性，针对专业技术人员某一具体的职业行为而提出的职业道德规范。如《中华人民共和国法官职业道德基本准则》第二条“法官职业道德的核心是公正、廉洁、为民；基本要求是忠诚司法事业、保证司法公正、确保司法廉洁、坚持司法为民、维护司法形象”为原则性规范，是对法官职业行为具有普遍指导意义的职业道德规范。而第十三条“自觉遵守司法回避制度，审理案件保持中立公正的立场，平等对待当事人和其他诉讼参与人，不偏袒或歧视任何一方当事人，不私自单独会见当事人及其代理人、辩护人”则为具体性规范，是针对法官某一特定职业行为的职业道德规范。

（二）普适性规范与行业性规范

根据职业道德规范的适用范围不同，可将其划分为普适性规范与行业性规范。普适性规范是指适用于所有行业专业技术人员的职业道德规范，它没有明显的行业特性，如诚实守信、服务人民等；行业性规范是指适用于从事某一类职业专业技术人员的职业道德规范，如《高等学校教师职业道德规范》只适用于高校教师，《检察官职业道德基本准则》只适用于检察系统工作者。根据《中华人民共和国职业分类大典》的归类，专业技术类职业包括 11 个中类、120 个小类、451 个细类，很多职业细类中都有仅适用于本职业群体的职业道德规范。

（三）义务性规范和禁止性规范

根据职业道德规范的行为模式不同，可将其划分为义务性规范和禁止性规范。义务性规范是指专业技术人员在职业活动中必须积极实施一定行为的职业道德规范；禁止性规范是指专业技术人员在职业活动中明令禁止实施一定行为的职业道德规范。在目前发布的各类职业道德公约、规范及准则中，大多都包含这两种行为模式的职业道德规范。如《中华人民共和国法官职业道德基本准则》第十五条规定：严格遵守廉洁司法规定，不接受案件当事人及相关人员的请客送礼，不利用职务便利或者法官身份谋取不正当利益，不违反规定与当事人或者其他诉讼参与人进行不正当交往，不在执法办案中徇私舞弊。在该条规定中，既包含了义务性规范，也包含了禁止性规范。

（四）成文规范与不成文规范

根据职业道德规范的表现形式不同，可将其划分为成文规范与不成文规范。成文规范是指在职业道德公约、行为规范、行为准则中以明文规定的职业道德规范，如《中国文艺工作者职业道德公约》《高等学校教师职业道德规范》《检察官职业道德基本准则》等；不成文规范是指未明文规定在职业道德公约、行为规范、行为准则中，但又对专业技术人员的职业行为具有重要指引和约束作用的职业道德规范。职业道德的表现形式本身就是多样和复杂的，并非所有的职业道德规范都以明文形式予以规定。

第三节　我国专业技术人员职业道德建设历史与现状

目前，我国进入了全面建成小康社会的决定性阶段和深化改革的攻坚时期。继续大力推进社会主义精神文明和先进文化建设，促进公民文明素质和社会文明程度进一步提高，是如期实现全面建成小康社会奋斗目标的重要保证。党的十九大重申了加强思想道德建设，深入实施公民道德建设工程，推进社会公德、职业道德、家庭美德、个人品德建设的重要性，使专业技术人员职业道德建设迈入新的发展征程。回溯我国专业技术人员职业道德建设的历史，正确认识专业技术人员职业道德建设现状，是推动专业技术人员职业道德建设顺利向前迈进的重要方面。

一、我国专业技术人员职业道德建设的历史

职业道德是同职业发展紧密联系的社会历史现象。随着职业和职业活动内容的发展变化，职业道德也在不断发生着变化、演进以至变革。在长期的历史进程中，中华民族形成了具有优良传统的职业道德精神和行为规范。新中国的成立和国家经济社会的发展，开启了我国职业道德发展的新时期。特别是改革开放以来，职业道德被赋予新的时代内涵，并作为社会主义道德的重要内容，纳入社会主义现代化事业的总体部署。专业技术人员职业道德建设也受到前所未有的重视，取得了历史性的进展。

（一）新中国成立初期专业技术人员职业道德建设情况

新中国成立初期，职业道德一般是与公民道德、社会主义精神等融为一体的，对于专业技术人员或知识分子，结合当时的历史阶段，提出了“又红又专”等要求。党的第一代中央领导集体在有关政治方向、思想作风等方面的讲话、指示、著述中，提出了涉及社会主义职业道德重要指导原则的若干思想理念。毛泽东同志 1944 年 9 月 8 日在为中央警备团战士张思德举行的追悼会上，发表了著名的《为人民服务》重要讲话，号召大家学习张思德同志[①]彻底地为人民利益而工作的精神。[②] 在 1945 年 4 月召开的党的第七次全国代表大会上，“全心全意为人民服务”作为党的根本宗旨被写进大会通过的报告和党章。在 1949 年 9 月 29 日中国人民政治协商会议第一次会议上通过的《中国人民政治协商会议共同纲领》中，明确规定了“提倡爱祖国、爱人民、

---

① 张思德，四川仪陇人，中共中央警备团战士。他 1933 年参加红军，经历长征，负过伤，是一名忠实为人民服务的共产党员。1944 年 9 月 5 日在陕北安塞县山中烧炭，因窑洞崩塌而牺牲。

② 中共中央文献编辑委员会. 毛泽东选集：第三卷［M］. 北京：人民出版社，1991：1004－1005.

爱劳动、爱科学、爱护公共财物为中华人民共和国全体国民的公德”。同日，毛泽东同志以此为内容为《新华月报》创刊号作了题词。在新中国成立前后，毛泽东同志还多次谈到个人利益和集体利益的辩证关系问题，强调正确处理个人利益与集体利益，提出“反对自私自利的资本主义的自发倾向，提倡以集体利益和个人利益相结合的原则为一切言论行动的标准的社会主义精神”。① 另外，值得重视的是，毛泽东同志在谈到思想政治工作时，特别强调了要兼顾“红与专”“政治与业务”两方面的关系。他在《工作方法六十条（草案）》中指出：“红与专、政治与业务的关系，是两个对立物的统一。”“政治和经济的统一，政治和技术的统一，这是毫无疑义的，年年如此，永远如此。这就是又红又专。”② 上述“为人民服务”“五爱”“集体主义”“又红又专”等重要的思想理念，尽管是在不同场合、不同背景下作为政治思想、作风等要求提出来的，但是都反映了社会主义道德的核心要求和基本原则，自然也成为社会主义事业发展中职业道德建设的重要依据和指针。

（二）改革开放以来专业技术人员职业道德建设情况

改革开放开启了我国社会主义现代化建设新的历史时期。社会主义市场经济的蓬勃发展，利益格局的多元化和多种思想的交会碰撞，迫切要求在积极推进经济发展的同时，大力加强精神文明建设和先进文化建设。党中央高瞻远瞩，从改革开放之始就明确了物质文明和精神文明一起抓的战略方针，多次作出重大决策和部署。中央领导同志对精神文明建设和其中的职业道德建设提出了一系列重要思想。

邓小平同志在党的十一届三中全会以来的讲话和文章中，始终把精神文明建设放在重要地位。1979 年 10 月 30 日，他在中国文学艺术工作者第四次代表大会的祝词中指出：“我们要在建设高度物质文明的同时，提高全民族的科学文化水平，发展高尚的丰富多彩的文化生活，建设高度的社会主义精神

---

① 中共中央文献研究室. 毛泽东文集：第六卷［M］. 北京：人民出版社，1999：450.

② 中共中央文献研究室. 毛泽东文集：第七卷［M］. 北京：人民出版社，1999：351.

文明。”① 1980 年 12 月 25 日，他在《贯彻调整方针，保证安定团结》的文章中又指出：“我们要建设的社会主义国家，不但要有高度的物质文明，而且要有高度的精神文明。所谓精神文明，不但指教育、科学、文化（这是完全必要的），而且指共产主义的思想、理想、信念、道德、纪律，革命的立场和原则，人与人的同志式关系，等等。没有这种精神文明，没有共产主义思想，没有共产主义道德，怎么能建设社会主义？”②

1986 年 9 月，党的十二届六中全会做出了《中共中央关于社会主义精神文明建设指导方针的决议》。这是改革开放以后党中央关于社会主义精神文明建设的第一个全面部署，明确了包括社会主义道德建设在内的社会主义精神文明建设的重大原则问题。决议强调，社会主义精神文明建设的根本任务，是适应社会主义现代化建设的需要，培育有理想、有道德、有文化、有纪律的社会主义公民，提高整个中华民族的思想道德素质和科学文化素质。并指出，社会主义道德建设的基本要求，是爱祖国、爱人民、爱劳动、爱科学、爱社会主义。要使“五爱”在社会生活的各个方面体现出来。决议还对职业道德建设提出了具体要求，强调：在我们社会的各个行业，都要大力加强职业道德建设。首先是党和国家机关的干部，要公正廉洁，忠诚积极，全心全意为人民服务，反对官僚主义、弄虚作假、利用职权谋取私利。还要加强那些直接为广大群众日常生活服务的部门的职业道德建设，反对和纠正有行业特点的不正之风。在我们社会里，人人都是服务对象，人人又都为他人服务。我们社会对人的关心，社会的安宁和人们之间关系的和谐，是同各个岗位上的服务态度、服务质量密切相关的。

1996 年 10 月，党的十四届六中全会作出了《中共中央关于加强社会主义精神文明建设若干重要问题的决议》，进一步明确了社会主义精神文明建设的战略地位、指导思想和奋斗目标。决议把加强思想道德建设作为社会主义精

---

① 中共中央文献编辑委员会. 邓小平文选：第二卷［M］. 北京：人民出版社，1994：208.
② 中共中央文献编辑委员会. 邓小平文选：第二卷［M］. 北京：人民出版社，1994：367.

神文明建设的核心任务并作出全面部署，提出社会主义道德建设“以为人民服务为核心，以集体主义为原则，以爱祖国、爱人民、爱劳动、爱科学、爱社会主义为基本要求，开展社会公德、职业道德、家庭美德教育”的总体构想，并明确了社会公德、职业道德、家庭美德的具体内容。其中，职业道德的内容概括为“爱岗敬业、诚实守信、办事公道、服务群众、奉献社会”20个字的要求。决议还突出强调，社会主义道德建设，当前要以加强职业道德建设、纠正行业不正之风为重点；要以服务人民、奉献社会为宗旨，开展创建文明行业活动；各行各业特别是与群众生活关系密切的“窗口行业”，都要根据自身特点，对职工普遍进行职业责任、职业道德、职业纪律的教育，加强岗位培训，规范行业行为，树立行业新风。这是首次在中央文件中系统提出社会主义道德建设的主要内容，并将职业道德建设确定为工作重点。

在2000年6月召开的中央思想政治工作会议上，江泽民同志提出了依法治国和以德治国相结合的思想。他指出：“法律和道德作为上层建筑的组成部分，都是维护社会秩序、规范人们思想和行为的重要手段，它们相互联系、相互补充。”“道德规范和法律规范应该相互结合，统一发挥作用。”①

为进一步推进社会主义道德建设，2001年9月，中共中央印发了《公民道德建设实施纲要》。纲要深刻阐述了社会主义道德建设的重要意义、指导思想、方针原则和主要内容，明确了推进公民道德建设的途径和方法。在公民道德建设主要内容方面，重申了十四届六中全会提出的社会主义道德建设的“核心”“原则”“基本要求”以及社会公德、职业道德、家庭美德的主要内容，并且将社会公德、职业道德、家庭美德的主要内容作为公民和从业人员在社会公共生活、职业活动、家庭生活各领域的行为准则确定下来。纲要是新时期加强公民道德建设的纲领性文件。

2006年3月4日，胡锦涛同志在全国政协十届四次会议的民盟、民进联组讨论时提出了“八荣八耻”的重要论述。他指出，在我们的社会主义社会

① 中共中央文献编辑委员会．江泽民文选：第三卷［M］．北京：人民出版社，2006：91.

里，是非、善恶、美丑的界限绝对不能混淆，坚持什么、反对什么、倡导什么、抵制什么，都必须旗帜鲜明。要在全社会大力弘扬爱国主义、集体主义、社会主义思想，倡导社会主义基本道德规范，促进良好社会风气的形成和发展。要引导广大干部群众特别是青少年树立社会主义荣辱观，坚持以热爱祖国为荣、以危害祖国为耻，以服务人民为荣、以背离人民为耻，以崇尚科学为荣、以愚昧无知为耻，以辛勤劳动为荣、以好逸恶劳为耻，以团结互助为荣、以损人利己为耻，以诚实守信为荣、以见利忘义为耻，以遵纪守法为荣、以违法乱纪为耻，以艰苦奋斗为荣、以骄奢淫逸为耻①。胡锦涛同志的这一重要论述，精辟概括了马克思主义的道德观，明确了当代中国最基本的价值取向和是非标准，体现了社会主义道德规范尤其是职业道德规范的本质要求，是新形势下社会主义道德建设的重要指导方针。2006 年 10 月召开的党的十六届六中全会，提出了建设社会主义核心价值体系的重大战略任务，明确指出：马克思主义指导思想、中国特色社会主义共同理想、以爱国主义为核心的民族精神和以改革创新为核心的时代精神、社会主义荣辱观，构成社会主义核心价值体系的基本内容。

党的十八大在社会主义核心价值体系的基础上又提出“倡导富强、民主、文明、和谐，倡导自由、平等、公正、法治，倡导爱国、敬业、诚信、友善，积极培育和践行社会主义核心价值观”。这是对社会主义核心价值体系的高度凝练和集中表达。确立和弘扬社会主义核心价值观，关系着巩固全体人民共同奋斗的思想基础，也密切关系着社会主义思想道德建设的进一步发展。同时，党的十八大报告指出全面提高公民道德素质是社会主义道德建设的基本任务。要坚持依法治国和以德治国相结合，加强社会公德、职业道德、家庭美德、个人品德教育，弘扬中华传统美德，弘扬时代新风。

党的十八大以来，习近平总书记针对思想道德建设发表了一系列重要讲话，提出了思想道德建设的新思想、新要求。2013 年 9 月 26 日，在会见第四

---

① 《“八荣八耻”学习讲话》编写组．“八荣八耻”学习讲话［M］．北京：中国言实出版社，2006：2.

届全国道德模范及提名奖获得者的谈话中说："伟大时代呼唤伟大精神，崇高事业需要榜样的引领。当前，全国各族人民正在为实现中华民族伟大复兴的中国梦而奋斗。我们要按照党的十八大提出的培育和践行社会主义核心价值观的要求，高度重视和切实加强道德建设，推进社会公德、职业道德、家庭美德、个人品德教育，倡导爱国、敬业、诚信、友善等基本道德规范，培育知荣辱、讲正气、做奉献、促和谐的良好风尚。"① 2013 年 11 月，在考察山东时再次强调："国无德不兴，人无德不立。必须加强全社会的思想道德建设，激发人们形成善良的道德意愿、道德情感，培育正确的道德判断和道德责任，提高道德实践能力尤其是自觉践行能力，引导人们向往和追求讲道德、尊道德、守道德的生活，形成向上的力量、向善的力量。只要中华民族一代接着一代追求美好的道德境界，我们的民族就永远充满希望。"② 习近平总书记的重要讲话，赋予了思想道德建设新的意蕴和内涵，开拓了新时期思想道德建设的新境界。

中央领导同志关于社会主义思想道德以及职业道德建设的一系列重要思想以及党中央的决策部署，为全国各行各业的职业道德建设指明了方向，明确了指导思想和根本要求，对于专业技术人员的职业道德建设具有重要的指导意义，是推进新时期专业技术人员职业道德建设的纲领和指针。

二、我国专业技术人员职业道德建设的现状

党的十八大以来，我国专业技术人员职业道德建设迈入新征程。专业技术人员职业道德建设指导性纲领进一步完善，各类专业技术人员职业道德规范逐步建立，涌现出一大批具有代表性的职业道德模范典型。与此同时，对于一些严重违反职业道德的行为给社会带来的不良影响，也要给予充分的重视，职业道德建设永远在路上。

---

① 国务院新闻办公室，中共中央文献研究室，中国外文出版发行事业局. 习近平谈治国理政［M］. 北京：外文出版社，2014：159.

② "习近平谈思想道德建设"［N/OL］中国文明网. http://www.wenming.cn.

（一）我国专业技术人员职业道德建设的成果

1. 专业技术人员职业道德建设纲领性文件进一步完善

党的十八届四中全会全面研究了建设社会主义法治国家的问题，作出了《中共中央全面推进依法治国若干重大问题的决定》。决定提出全面推进依法治国的总目标是建设中国特色社会主义法治体系，建设社会主义法治国家。实现这个总目标必须坚持党的领导、坚持人民的主体地位、坚持法律面前人人平等等原则，同时也要坚持依法治国和以德治国相结合。决定指出：国家和社会治理需要法律和道德共同发挥作用。必须坚持一手抓法治、一手抓德治，大力弘扬社会主义核心价值观，弘扬中华传统美德，培育社会公德、职业道德、家庭美德、个人品德，既重视发挥法律的规范作用，又重视发挥道德的教化作用，以法治体现道德理念、强化法律对道德建设的促进作用，以道德滋养法治精神、强化道德对法治文化的支撑作用，实现法律和道德相辅相成、法治和道德相得益彰。

党的十九大报告强调要高度重视和切实加强思想道德建设，深入实施公民道德建设工程，推进社会公德、职业道德、家庭美德、个人品德建设，激励人们向上向善、孝老爱亲，忠于祖国、忠于人民。2019 年 10 月，中共中央、国务院印发了《新时代公民道德建设实施纲要》。

以习近平同志为核心的党中央始终高度重视社会主义思想道德建设，这为我国专业技术人员职业道德建设营造了积极向上的总体环境，更为专业技术人员职业道德建设树立了纲领性的指引。

2. 专业技术人员职业道德规范逐步建立

改革开放以来，根据社会主义现代化建设和社会发展的需要，我国一些专业技术从业人员较多、社会影响较大的行业陆续建立并逐步健全职业道德规范。目前，已相对成熟的专业技术人员职业道德规范主要存在于以下领域。

（1）科技工作者职业道德规范。科学技术是第一生产力。四个现代化，关键是科学技术现代化。掌握现代科学技术、具备良好职业道德的科技工作者，对国家的社会主义现代化事业至关重要。为弘扬科学精神，加强科学道德和学风建设，2007 年 3 月，中国科学技术协会发布了《科技工作者科学道德规范（试行)》，共包括“总则”“学术道德规范”“学术不端行为”“学术不端行为的监督”四章。在“总则”中明确：科技工作者应坚持科学真理、尊重科学规律、崇尚严谨求实的学风，勇于探索创新，恪守职业道德，维护科学诚信。在“学术道德规范”一章中，规定了科技工作者必须遵守的学术道德具体规范，包括必须尊重知识产权、尊重研究对象、遵守诚实客观原则、诚实严谨地与他人合作、不得利用科研活动谋取不正当利益、抵制一切违反科学道德的研究活动、反对捏造与事实不符的科技事件以及对科技事件进行新闻炒作等。在“学术不端行为”一章中，对在科学研究和学术活动中的造假、抄袭、剽窃等学术不端行为进行了具体界定。

（2）医疗机构从业人员职业道德规范。医疗卫生事业关系着广大人民群众的健康权益和切身利益，关系着千家万户的幸福安康。医疗机构从业人员是一支人数众多的队伍，其职业道德水准、医疗服务质量对于医疗卫生事业的科学发展、改善医患关系、促进社会和谐，都具有十分重要的意义。

2012 年 6 月 26 日，卫生部、国家食品药品监督管理局和国家中医药管理局发布《医疗机构从业人员行为规范》。规范内容分为十章，共 60 条。不仅规定了医疗机构从业人员的基本行为规范，而且分别规定了管理人员、医师、护士、药学技术人员、医技人员和其他人员等各类从业人员的具体行为规范。基本行为规范的内容包括 8 条，第一条是“以人为本，践行宗旨”，即坚持救死扶伤、防病治病的宗旨，以病人为中心，全心全意为人民健康服务。其余各条分别为“遵纪守法，依法执业”“尊重患者，关爱生命”“优质服务，医患和谐”“廉洁自律，恪守医德”“严谨求实，精益求精”“爱岗敬业，团结协作”“乐于奉献，热心公益”。

2014 年 6 月，中国医师协会发布《中国医师道德准则》，其内容包括“基本准则”“医师与患者”“医师与同行”“医师与社会”“医师与企业”五个部分共 40 条。其中“基本准则”的内容包括：坚持患者至上，给予患者尊重；敬畏生命，以悲悯之心给予患者恰当的关怀与照顾；不因任何因素影响自己的职业行为，拒绝参与或支持违背人道主义的行为；在临床实践、教学、研究、管理或宣传倡导中，承担符合公众利益的社会责任；终身学习，不断提高专业知识和技能；以公平、公正的原则分配医疗资源，使其发挥最大效益；维护职业荣耀与尊严，保持良好执业状态。该“准则”是中国医师群体的执业标准和自律要求。

（3）教师职业道德规范。教师职业道德规范主要包括中小学教师职业道德规范以及高等学校教师职业道德规范。教育大计，教师为本，师德是教师的灵魂。改革开放以后，国家教委和全国教育工会于1984年首次发布了《中小学教师职业道德规范》，于1991年和1997年进行了两次修订。为深入贯彻党的十七大提出的优先发展教育的精神，进一步加强教师队伍建设，全面提高中小学教师队伍的师德素质和专业水平，教育部和中国教科文卫体工会全国委员会对《中小学教师职业道德规范》再次进行了修订，并于2008年9月印发。

2008年版的《中小学教师职业道德规范》提出的规范内容共6条，即爱国守法、爱岗敬业、关爱学生、教书育人、为人师表和终身学习。与原来的规范相比，新版规范对教师的职业道德提出了更高的目标要求。如强调教师要热爱祖国和人民，忠诚于人民教育事业，关心爱护学生、对学生严慈相济、保护学生安全，教书育人、促进学生全面发展，为人师表、坚守高尚情操，树立终身学习的理念等，充分体现了“教育以育为本，以学生为主体”的思想和与时俱进的时代精神。

为加强高校教师职业道德建设，全面提高教师师德水平，增强教师教书育人的责任感和使命感，教育部、中国教科文卫体工会全国委员会于2011年12月发布了《高等学校教师职业道德规范》。规范包括6条，分别为：爱国守法、敬业爱生、教书育人、严谨治学、服务社会和为人师表。其内容要点是：热爱祖国，热爱人民，拥护中国共产党领导，拥护中国特色社会主义制度，遵守宪法和法律法规；忠诚人民教育事业，树立崇高职业理想，真心关爱学生，严格要求学生，公正对待学生，做学生的良师益友；坚持育人为本，立德树人，尊重学生个性，促进学生全面发展；弘扬科学精神，勇于探索，秉持学术良知，恪守学术规范，维护学术自由和学术尊严；勇担社会责任，为国家富强民族振兴和人类进步服务；为人师表，行为世范，以高尚师德、人格魅力和学识风范教育感染学生。该规范是推动高校师德建设的指导性文件。

（4）新闻工作者职业道德规范。新闻工作者，从广义上讲是指以采集、制作、传播新闻信息及其相关活动为专门职业的工作人员。在某种意义上，新闻工作者的职业行为在推动社会进步和发展上担负着特殊功能，因此，新闻工作者职业道德对于规范新闻从业者的职业行为是不可或缺的。1981 年，中宣部新闻局和中央新闻单位研究制定了《记者守则（试行草案）》。1991 年 1 月，中华全国新闻工作者协会发布了《中国新闻工作者职业道德准则》，这是我国第一个新闻职业道德规范。此后，1994 年、1997 年、2009 年和 2019 年，中华全国新闻工作者协会又对准则进行了四次修订。最新的准则包括 7 条内容，分别是："全心全意为人民服务""坚持正确舆论导向""坚持新闻真实性原则""发扬优良作风""坚持改进创新""遵守法律纪律""对外展示良好形象"。

2004 年 12 月国家广电总局发布了《中国广播电视编辑记者职业道德准则》《中国广播电视播音员主持人职业道德准则》，为我国广播电视新闻工作者职业行为树立了更为确定性的指引。

（5）出版工作者职业道德规范。出版工作者是指从事图书、期刊、音像制品、电子出版产品等各类出版物的编辑、印刷、发行等工作的人员，广义上也包括从事出版科学研究、出版教育等工作的人员。出版物是积累、传播科学文化知识和社会进步成果的载体，出版工作者在发展先进文化、提高人民素质、宣传党的主张、弘扬社会正气等方面，担负着重要的职责任务。为加强出版工作者职业道德建设，推动出版事业健康发展，新闻出版署于 1994 年 1 月制定颁布了《中国出版工作者职业道德准则》，1997 年、2002 年以及 2004 年又进行了三次修订。

修订后的准则共8条，包括："为人民服务，为社会主义服务""增强使命感和责任感，力求坚持两个效益最佳结合""树立精品意识，提高出版质量""遵纪守法，廉洁自律""爱岗敬业，忠于职守""团结协作，诚实守信""艰苦奋斗，勤俭创业""遵守外事纪律，维护国家利益"。其中突出强调，以促进先进生产力和先进文化的发展为己任，坚持正确的政治方向，坚持以民为本，为人民服务、为社会主义服务、为全党全国工作大局服务；始终把社会效益放在首位，反对唯利是图、见利忘义；多出好作品，不出平庸作品，杜绝坏作品。

（6）文艺工作者职业道德规范。文艺工作包含文学、戏剧、电影、电视、音乐、舞蹈、美术、摄影、书法、曲艺、杂技、民间文艺等广泛领域。文艺是铸造灵魂的工程，文艺工作者是灵魂的工程师，优秀的文艺作品陶冶人们的心灵，引领社会风尚，社会影响巨大。文艺工作者必须首先加强自身道德品行修养，才能真正成为优秀文化产品的生产者和传播者。中国文学艺术界联合会从2010年8月起组织"文艺界核心价值观"的研究和《中国文艺工作者职业道德公约》的调研起草，并于2012年3月2日正式发布。"文艺界核心价值观"是广大文艺工作者的共同价值追求，凝练概括为"爱国、为民、崇德、尚艺"；公约是文艺工作者践行文艺界核心价值观的行为规范，共计5条，主要内容包括："坚持爱国为民""弘扬先进文化""追求德艺双馨""倡导宽容和谐""模范遵纪守法"。这5条内容体现了我国文艺工作者的优良传统和现阶段文艺工作者职业道德建设的基本要求，为文艺工作者加强自身修养、弘扬职业精神、规范职业行为提供了方向指引。

（7）律师职业道德规范。1980年全国人大常委会发布的《中华人民共和国律师暂行条例》和1996年5月发布的《中华人民共和国律师法》都明确规定律师执业必须遵守宪法和法律，恪守律师职业道德和执业纪律。1993年12月司法部发布了《律师职业道德和执业纪律规范》，这是我国第一部较为系统的关于律师职业道德和执行纪律的规范。1996年和2002年，经司法部同意，中华全国律师协会两次印发了经修订的《律师职业道德和执业纪律规范》。

2004 年 3 月，中华全国律师协会印发了《律师执业行为规范（试行）》，并于 2009 年 12 月进行了修订。

《律师职业道德和执业纪律规范》中规定的“律师职业道德基本准则”包括：律师应当忠于宪法和法律，坚持以事实为依据，以法律为准绳，严格依法执业；应当忠于职守，坚持原则，维护国家法律与社会正义；应当诚实守信，勤勉尽责，尽职尽责地维护委托人的合法权益；应当敬业勤业，努力钻研业务，掌握执业所应具备的法律知识和服务技能，不断提高执业水平；应当珍视和维护律师职业声誉，模范遵守社会公德，注重陶冶品行和职业道德修养；应当严守国家机密，保守委托人的商业秘密及委托人的隐私。同时还包括：律师应当尊重同行、同业互助、公平竞争，自觉履行法律援助义务，切实履行会员义务，积极参加社会公益活动等。

《律师执业行为规范》除包括律师执业的基本行为规范外，还包括律师业务推广行为规范、律师与委托人或当事人的关系规范、律师参与诉讼或仲裁规范等，是律师执业的指导性和规范性文件。

（8）金融业从业人员职业道德规范。改革开放以来，作为国民经济血液的金融行业不断发展与兴盛，从业人员数量和素质均呈现上升趋势；与此同时，该行业也是高风险的特殊行业，经营管理中贯穿着信用风险、道德风险、操作风险等诸多风险。做好金融业从业人员职业道德建设和操守培养，是金融业经营发展中的重要基础工作。2006 年 7 月、2007 年 2 月中国银行业协会相继发布了《中国银行业从业人员道德行为公约》和《银行业从业人员职业操守》；2009 年 1 月中国证券业协会发布了《证券业从业人员执业行为准则》；2009 年 2 月中国保险监督管理委员会发布了《保险从业人员行为准则》，同年 9 月中国保险行业协会配套发布了《保险从业人员行为准则实施细则》等。

银行业在我国金融业中处于主体地位，对于国民经济的健康发展和社会稳定具有重要影响。因此，以银行业从业人员职业道德规范为例加以说明。《中国银行业从业人员道德行为公约》包括“总则”“基本要求”“监督与处罚”“附则”四章，共计18条。其中“基本要求”中的主要规范内容是：爱岗敬业，顾全大局；遵纪守法，规范操作；廉洁公正，自警自律；严守秘密，确保安全；正直诚信，勤勉尽职；热情服务，细微周到；勤奋学习，精通业务；团结协作，和谐互助；遵守公德，崇尚科学。《银行业从业人员职业操守》共分八章48条，包括总则、从业基本准则、银行业从业人员与客户、银行业从业人员与同事、银行业从业人员与所在机构、银行业从业人员与同业人员、银行业从业人员与监管者和附则，是我国银行业首部系统、完整的职业操守规定。其中，“从业基本准则”规定了职业操守的核心要求，包括诚实信用、守法合规、专业胜任、勤勉尽职、保护商业秘密与客户隐私和公平竞争。职业操守的制定，为全面规范从业人员的职业行为，弘扬诚信、合规、尽职等职业价值理念，提供了基本的操作指引。

（9）注册会计师职业道德规范。中国注册会计师协会于1992年9月发布了《中国注册会计师职业道德守则（试行）》，1996年12月发布了《中国注册会计师职业道德基本准则》，2002年又发布了《中国注册会计师职业道德规范指导意见》。为进一步推进注册会计师行业的科学发展和诚信道德建设，在全面总结职业道德建设实践经验的基础上，研究借鉴了国际会计师职业道德建设成果，中国注册会计师协会于2009年10月印发了《中国注册会计师职业道德守则》，自2010年7月1日起施行。这个守则包括5个组成部分，即《中国注册会计师职业道德守则第1号——职业道德基本原则》《中国注册会计师职业道德守则第2号——职业道德概念框架》《中国注册会计师职业道德守则第3号——提供专业服务的具体需求》《中国注册会计师职业道德守则第4号——审计和审阅业务的具体要求》《中国注册会计师职业道德守则第5号——其他鉴证业务对独立性的要求》。守则全面规范了注册会计师职业活动各个环节的行为，也体现了与国际会计师职业道德准则趋同的精神。

从《中国注册会计师职业道德守则第1号——职业道德基本原则》的总则中，可以概括出注册会计师职业道德规范的主要内容，包括应当履行相应的社会责任，维护公众利益；应当遵守诚信原则、客观和公正原则，在执行审计和审阅业务以及其他鉴证业务时保持独立性；应当获取和保持专业胜任能力，履行保密义务，维护职业声誉等。此外，中国注册会计师协会还同时发布了《中国注册会计师协会非执业会员职业道德守则》，把分布在政府部门、事业单位、企业等领域的非执业会员纳入了注册会计师职业道德规范体系。

3. 职业道德模范典型不断树立

改革开放以来，专业技术人员职业道德建设取得了长足进展。在党中央纲领性文件的引领和指导下，随着各行各业专业技术人员职业道德规范陆续建立健全，广大专业技术人员职业道德观念显著提升，爱国主义、集体主义、爱岗敬业思想深入人心，价值取向健康向上，展示出良好的精神风貌，有力地推动了社会主义现代化事业的发展。这是专业技术人员职业道德建设形势发展的主流。如在科技界，中国科学技术协会自 1997 年以来，已举办了七届全国优秀科技工作者评选表彰活动，共评选出数十位“十佳全国科技工作者”以及多名“全国优秀科技工作者”。这些优秀的科技工作者不仅取得了重要的科技成果，为我国科技发展做出了突出贡献，而且是积极践行科学道德、爱岗敬业、拼搏创新的榜样，展现了新时期我国广大科技工作者高尚的思想品质和道德情操。又如在教育界，改革开放以来涌现出数以万计的优秀教师。他们有的活跃在城市学校的课堂，有的扎根在农村甚至边远的山寨，为培养祖国的下一代奉献出自己全部的心血，成为当今专业技术人员践行职业道德新的典范。尤其是自 2015 年以来，由中央电视台与光明日报社共同主办的“寻找最美教师”活动已先后举办了四届颁奖典礼，多名乡村教师和数个教师团体受到表彰，其中有扎根基层的乡村教师，也有潜心科研的大学教授。这些“最美教师”克服艰苦的自然环境，战胜重重困难，牢牢坚守在教育第一线，深深地感染和激励了社会各界劳动者。

（二）我国专业技术人员职业道德建设面临的严峻挑战

我国专业技术人员职业道德建设虽然获得了长足的发展，但看到成绩的同时，也要认识到当前在专业技术人员职业道德建设方面仍然存在不少问题，在个别专业技术领域，违背职业操守的行为呈现多发的态势。如工作生活在“象牙塔”中的科学研究人员，爆出伪造科研数据、剽窃学术成果和利用职务之便谋取不正当利益等丑闻。又如在新闻出版界，一些工作人员违背新闻真实性原则，编写和刊发不实报道，甚至通过虚构和制造新闻谋取不正当利益，还有的通过抄袭、剽窃等手段侵犯他人著作权等知识产权。再如在文艺界，一些文艺工作者罔顾道德良知和社会责任，有的作品粗制滥造、质量低下，有的扭曲美丑、格调低俗，还有个别演艺人员品德沦落，陷入黄、赌、毒泥沼，引发社会舆论谴责。在这些行为中，极个别人悍然逾越道德底线，挑战国家法纪。少数“公知”“大 V”利用他们的特殊身份，大肆散布有悖于社会主义核心价值观的言论。

上述专业技术人员职业道德失范现象的频繁出现，冲击了人们的道德信念，严重败坏了社会风气，造成巨大的负面影响，也损害了专业技术人员的社会形象。造成这些问题的主要原因有以下几个方面：第一，我国正处于经济社会转型期。在这一转型过程中，各种思想文化融汇并激烈摩擦、碰撞，必然造成社会成员观念意识、价值取向、审美追求等的多样性。特别是西方资产阶级个人主义、拜金主义、享乐主义等思想观念的传播，市场经济消极因素的影响，以及旧社会一些文化糟粕沉渣泛起，导致一些社会成员是非、善恶、美丑混淆，人生观、价值观扭曲。这是职业道德失范的深层次原因。第二，个人思想品德蜕化。专业技术人员职业道德方面出现的诸多问题，既有社会的原因，又有个人的因素。一些人之所以背离职业道德规范的要求，与他们长期放松个人修养直接相关。这些人逐渐丧失了抵御腐朽思想侵蚀的能力，在社会不良现象和风气的影响下，名利欲望膨胀，以致荣辱颠倒、见利忘义，对社会纲纪和职业道德规范置若罔闻。这是职业道德失范的主观原因。第三，制度机制缺失。把制度和道德规范落到实处，专业技术人员职业道德建设才能取得实质进展。既要引导专业技术人员加强自身职业道德修养，严于律己，又需要建立健全相关的法律制度、行政规章、行规民约和社会监督措施，形成更有效的外部约束。目前，制度建设滞后和“他律”机制缺失，是导致违反职业道德现象频繁发生的重要“环境”因素。第四，职业道德规范有待加强。从专业技术人员职业道德规范制定角度看，尽管在许多领域都发布了职业道德规范，但总体上专业技术人员职业道德规范尚未形成完整的体系，有些行业类别职业道德规范尚未建立，专业技术人员职业道德规范的健全和完善仍然任重道远。

综上所述，我们可以清楚地看出，专业技术人员职业道德建设在取得重大进展的同时，也面临着诸多错综复杂的问题和巨大挑战。专业技术人员职业道德建设无疑是一项紧迫而又艰巨、复杂的任务。这也使我们进一步认识到，专业技术人员职业道德建设的长期性、综合性和复杂性。只有全面认识专业技术人员职业道德建设的形势及其特点，才能正确认识专业技术人员职业道德建设的重要性和必要性，扎实、稳步地把专业技术人员职业道德建设推上新的台阶。

第四节　加强专业技术人员职业道德建设的重要意义

我国的社会主义现代化建设是以经济建设为中心，政治建设、文化建设、社会建设、生态文明建设协调发展的伟大事业。文化是民族的血脉，是人民的精神家园。大力推进社会主义文化建设，提高国家文化软实力，是增强综合国力和建设富强民主文明和谐美丽的社会主义现代化国家的重要保证。

职业道德是社会主义文化建设的重要内容。它对于规范人们的职业行为、调整职业关系、引导职业活动健康发展具有十分重要的作用。专业技术人员是我国从业人员中知识分子最为密集、专业水平最高的职业群体，是推动国家发展和社会进步最关键的人才资源。因此，加强专业技术人员职业道德建设具有特别重要的意义。

一、有利于弘扬和培育社会主义核心价值观

社会主义核心价值观是兴国之魂，是社会主义先进文化的核心和精髓。习近平同志指出："核心价值观，其实就是一种德，既是个人的德，也是一种大德，就是国家的德，社会的德。"① 党的十八大明确提出倡导富强、民主、文明、和谐，自由、平等、公正、法治，爱国、敬业、诚信、友善的社会主义核心价值观，高度概括地表达了社会主义价值体系的核心精神，从国家、社会、公民三个层面凝练地回答了建设什么样的国家、构建什么样的社会、塑造什么样的公民的根本问题。从公民道德建设的角度来看，爱国、敬业、诚信、友善贯穿于公民道德行为的各个环节，涵盖了社会公德、职业道德、家庭美德和个人品德的各个方面，是我国公民道德的基本价值取向和行为准则。

社会主义核心价值观同样是专业技术人员职业道德的灵魂和基石。爱国，即热爱社会主义祖国，这是每一个公民的神圣义务，是公民道德的首要要求。邓小平同志指出："中国人民有自己的民族自尊心和自豪感，以热爱祖国、贡献全部力量建设社会主义祖国为最大光荣，以损害社会主义祖国利益、尊严和荣誉为最大耻辱。"② 在新的历史时期，热爱祖国与热爱社会主义是有机的统一，爱国主要表现在将自己的全部力量贡献给社会主义现代化建设的伟大事业。敬业是最基本的职业操守，体现了对本职工作的敬重和高度负责的工作态度，是对职业情感、责任意识和奉献精神的理性概括和浓缩。诚信是做事和做人的基本规范，是古往今来文明社会最受尊崇的美德。诚实守信不仅是职业活动中最具普遍意义的行为准则，而且也是社会生活里最重要的一条道德标准。友善是建立和谐人际关系的基础。与人为善、团结互助、包容尊重是中华民族优秀的道德传统，也是当今社会妥善处理人际关系、职业关系、

---

① 国务院新闻办公室，中共中央文献研究室，中国外文出版发行事业局. 习近平谈治国理政［M］. 北京：外文出版社，2014：168.

② 中共中央文献编辑委员会. 邓小平文选：第三卷［M］. 北京：人民出版社，1993：3.

社会关系的基本准则和促进社会和谐的重要精神条件。爱国、敬业、诚信、友善构成了专业技术人员职业道德的核心要素，集中体现了社会主义现代化事业对专业技术人员职业道德的本质要求。专业技术人员是融入社会劳动各个领域、具有广泛社会影响力的队伍，这个群体在职业活动中积极践行爱国、敬业、诚信、友善的要求，本身就是对社会主义核心价值观的有力弘扬，也是对社会主义文化建设从思想道德层面的重要促进。

二、有利于涵养风清气正的社会风气

专业技术人员职业道德建设对培育良好的社会风气的影响作用显著。社会风气是社会文明程度的重要标志，是社会价值导向的重要体现。文化产品是传承人类文明成果和先进思想文化的载体，对于提升人们的文明素养、陶冶道德情操、匡扶社会正义，历来具有强大的引导推动作用。尤其在当前全面推进社会主义现代化事业的历史时期，党中央提出了“用社会主义荣辱观引领社会风尚”的任务，以及“在全社会形成知荣辱、讲正气、作奉献、促和谐的良好风尚”的目标要求，文学戏剧、电影电视、新闻出版、音乐、舞蹈和哲学社会科学等各类文化产品，在培育和发展良好的道德风尚方面承担着更为繁重的任务。而各领域的文化工作者作为文化产品的主要创作生产者和传播者，也比以往任何时候都肩负着更为重大的社会责任，加强自身的思想品行修养和职业道德建设就显得更为重要。

专业技术人员中一些特定职业的从业人员，如专门从事文艺作品创作的职业作家，影视戏剧的编导、演员，广播电视的播音员、主持人，民间文艺舞台的演艺人员，体育界的教练员、运动员等，他们不仅以其作品、创造的艺术形象、传播的信息以及个人的专业成就，感染、启迪着读者、听众和观众，而且以其职业活动和相关社会活动中自身的形象和作风影响着社会公众。他们中的名人、名家、明星，成为社会瞩目的公众人物。一些“走红”的影视演员、著名的电视节目主持人和体育明星等，甚至连仪容装饰和言谈举止都会受到拥趸者特别是青少年的追捧。他们对社会风气产生着潜移默化而又广泛深刻的影响。所以，从事这些特定职业的工作者尤其是其中成为社会公众人物的人，更要注重加强职业道德、社会公德修养和行为自律。

三、有利于营造和谐友好的社会关系

调整职业关系以及与之相关的社会关系是职业道德产生的重要原因之一。树立并遵守专业技术人员职业道德规范，不仅有助于促进职业关系的和谐发展，也有利于营造和谐友好的社会关系。

在相关从业人员之间、从业人员与服务对象之间的关系上，专业技术人员往往居于主导地位，这是由职业或岗位职责的特点所决定的。如内部从业人员关系方面，由于专业技术人员大多承担着计划、设计、研究等方面的工作，他们与相关从业人员在生产经营活动中客观上就形成了策划者与实施者或组织者与执行者的关系。所以，一旦两方面在职业活动中发生了矛盾，专业技术人员就更多担负着协调的责任。再如，在从业人员与服务对象的关系方面，专业技术人员也往往处于“优势”地位。以医生和患者的关系为例，医生掌握着医疗技术和医疗资源，通过科技手段详细了解患者的病情，而患者则是被救治的对象。在治疗过程中，不仅医生和患者占有的知识和信息是不对称的，而且在治疗手段的选择上，医生是拟订方案和组织实施的一方，而患者则把康复的希望寄托在医生的治疗安排上。所以，医生需要切实树立以患者为中心的理念，坚守尊重患者、关爱生命的原则，尊重患者的知情同意权和被救治的权利，维护患者的合法权益，以优质服务促进医患和谐。可见，建立和健全专业技术人员职业道德规范，激励和强化专业技术人员的道德情感，增强专业技术人员履行道德义务的责任意识，积极自觉地践行职业道德规范的要求，是营造和谐职业关系和相关社会关系的重要方面。

四、有利于激励科研创新与文化产品创作

党的十九大报告指出要坚定实施科教兴国战略、人才强国战略、创新驱动发展战略，这是党中央面向未来、放眼世界、立足全局作出的重大战略决

策。科学技术是第一生产力，人才资源是第一资源。实施创新驱动发展战略，推动我国科技创新走在世界前列，关键在人才；而专业技术人员职业道德建设，则是人才队伍建设的重要一环。

科学研究与创新是一项非常艰苦的工作，一项科研成果的取得往往要经过成千上万次试验，一项重大的突破往往要经历无数的挫折和失败。如农业育种研究，一个苹果新品种的培育要用 5 年至 6 年，一个小麦新品种的培育要用 10 年至 12 年，需要科研人员付出很大心血，任何一步、任何一个环节出现问题，都可能前功尽弃。中国工程院院士、著名杂交水稻专家袁隆平，在世界上首次育成“三系法”籼型杂交水稻，为我国和世界的粮食生产做出了杰出贡献。他几十年如一日地勤奋工作，用他的知识和智慧，也用他的辛勤和汗水，创造了科学奇迹。他的成就是科学实验、探索创新的结晶，也是刻苦和勤奋的赞歌。正如马克思所说：“在科学上没有平坦的大道，只有不畏艰险沿着陡峭山路攀登的人，才有希望达到光辉顶点。”所以，要在世界范围的新一轮科技革命中占得先机，我们必须造就一支规模宏大且素质优良的科技人才队伍。这支队伍既要掌握本领域最先进的知识和技术，又要具有坚定的理想信念，勇于解放思想与时俱进，敢于攻坚克难开拓创新。正因为如此，大力加强科研人员职业道德和科学道德建设，弘扬不懈追求真理的科学精神和拼搏精神，是科技人才队伍建设不可或缺的重要内容。

中国科学技术协会发布的《科技工作者科学道德规范》明确要求：“科学工作者应以发展科学技术事业，繁荣学术思想，推动经济社会进步，促进优秀科技人才成长，普及科学技术知识为使命。以国家富强，民族振兴，服务人民，构建和谐社会为己任。”2007 年 2 月，中国科学院、中国科学院学部主席团发布了《关于科学理念的宣言》，郑重地向全社会宣示关于科学的理念，强调以创新为民为宗旨，以科教兴国为己任，是中国科技界共同的责任和使命，也是全院同仁科技价值观的重要核心与共识；强调科学精神是对真理的追求，不懈追求真理和捍卫真理是科学的本质。科学精神是对创新的尊重，创新是科学的灵魂。加强科学道德规范建设，保证科学的学术信誉，维护科学的社会声誉，是当前我国科技界的重要任务。这些关于科技工作者的行为准则和科学工作的理念，是现阶段广大科技工作者加强思想道德建设和投身科技创新实践的重要指针。

我国的科技工作者，尤其是老一辈科学家，不仅在专业技术领域取得许多重大成就，而且在理想信念、思想品德、职业精神上为各行各业劳动者树立了典范。邓小平同志曾经特别指出："我要感谢科技工作者为国家做出的贡献和争得的荣誉。大家要记住那个时代，钱学森、李四光、钱三强那一批老科学家，在那么困难的条件下，把两弹一星和好多高科技搞起来。"① 老科学家们身上充分体现的、秉承着中华民族优秀传统的思想道德情操，仍然是今天激励科技工作者贯彻实施创新驱动战略、建设创新型国家的强大精神力量。

专业技术人员职业道德建设除了有助于营造科研创新健康文化氛围外，还能促进文化产品本身的生产与创作。原因在于，文化产品一般意义上是指精神产品，它的创作生产涉及文学艺术、广播影视、新闻出版、哲学社会科学等多个领域，这些领域的从业人员是专业技术人员的重要组成部分，是文化产品创作生产的主力军。

创作生产优秀的文化产品，首要的是坚持正确的方向，切实贯彻为人民服务、为社会主义服务的方针。一切进步的文化产品的创作生产都源于人民、为了人民、属于人民。习近平同志 2014 年 10 月 15 日主持召开文艺工作座谈会时指出，人民是文艺创作的源头活水，一旦离开人民，文艺就变成无根的浮萍、无病的呻吟、无魂的躯壳。能不能搞出优秀作品，最根本决定于是否能为人民抒写、为人民抒情、为人民抒怀。要始终把人民的冷暖、人民的幸福放在心中，把人民的喜怒哀乐倾注在自己的笔端，讴歌奋斗人生，刻画最美人物，坚定人们对美好生活的憧憬和信心。他还强调，一部好的作品，应该是把社会效益放在首位，同时应该是社会效益和经济效益统一的作品。文

① 中共中央文献编辑委员会. 邓小平文选：第三卷［M］. 北京：人民出版社，1993：378.

艺不能当市场的奴隶，不要沾满了铜臭气。①

推动创作生产更多优秀的文化产品，从业人员队伍是关键因素。因此，必须大力培养造就具有高尚职业精神和精湛业务技艺的德才兼备、锐意创新的文化人才队伍，特别是文化工作各领域的领军人才。在文化工作者队伍建设中，职业道德建设和思想作风建设具有特别重要的地位。因为文化产品是精神产品，同一般物质产品不同，它是人民的精神食粮，起着引领风尚、教育人民、服务社会、推动发展的作用。因此，作为文化产品的创作生产者，文化工作者首先必须是具有高度社会责任感和良好道德情操的人。文化工作者队伍应该是牢固树立“爱国、为民、崇德、尚艺”等职业道德理念的德艺双馨的团队，这是创作生产更多优秀文化产品的重要前提。正如《中共中央关于深化文化体制改革推动社会主义文化大发展大繁荣若干重大问题的决定》所强调的：“文化工作者要成为优秀文化的生产者和传播者，必须加强自身修养，做道德品行和人格操守的示范者。要引导广大文化工作者特别是名家名人自觉践行社会主义核心价值体系，增强社会责任感，弘扬科学精神和职业道德，发扬严谨笃学、潜心钻研、淡泊名利、自尊自律的风尚，努力追求德艺双馨，坚决抵制学术不端、情趣低俗等不良风气。”② 只有这样，各领域的文化工作者才能全身心地投入到讴歌时代和人民的文化产品的创作生产之中，以昂扬的正气、高尚的情操、饱满的热情，创作生产出思想性艺术性观赏性相统一、人民喜闻乐见的优秀文化产品。

五、有利于推动职业活动健康发展

职业活动是人类文明进程中最重要的社会活动，也是最基本的社会劳动方式。社会生产力的发展，既需要不断壮大的物质条件，也需要适应生产力

---

① 习近平在文艺工作座谈会上的讲话［N/OL］. 中国新闻网［2014-10-15］. http://www.chinanews.com.

② 《〈中共中央关于深化文化体制改革推动社会主义文化大发展大繁荣若干重大问题的决定〉辅导读本》编写组.《中共中央关于深化文化体制改革推动社会主义文化大发展大繁荣若干重大问题的决定》辅导读本［M］. 北京：人民出版社，2011：39-40.

发展的思想道德的支撑。习近平总书记指出：“精神的力量是无穷的，道德的力量也是无穷的。”“自强不息、厚德载物的思想，支持着中华民族生生不息、薪火相传，今天依然是我们推进改革开放和社会主义现代化建设的强大精神力量。”① 职业道德作为人们在职业活动中的行为准则，它的首要功能是规范和端正从业人员的职业行为。我国社会主义职业道德的基本出发点和落脚点，在于提倡和引导从业人员按照爱岗敬业、诚实守信、办事公道、服务群众、奉献社会的要求，严格履行岗位职责和社会责任，做一个具有正确价值取向和职业操守的劳动者。职业道德功能的发挥和社会劳动各领域职业道德规范的日臻完善，将为职业活动的健康发展构建强有力的思想道德基础。

专业技术人员是社会主义现代化建设的重要力量，他们的工作对于单位和行业的事业发展至关重要。同时，由于专业技术人员大多接受过较高层次的教育、具有较高专业技术素养，且他们之中相当一部分人在关键岗位上任职，使得专业技术人员职业道德的状况成为“知识阶层”道德品质在社会劳动中具有代表性的展现，在从业人员中自然发挥着一种“示范效应”。所以，专业技术人员的职业精神、价值观念、责任意识以及行为模式，不仅直接影响单位和行业职业活动的健康发展，而且对于促进整个社会的职业道德建设也具有不可忽视的意义。

六、有利于促进专业技术人员全面发展

专业技术人员职业道德建设不仅密切关系着国家经济社会发展和社会主义文化建设，对于专业技术人员自身的发展也具有十分重要的意义。

职业道德对于专业技术人员自身发展的意义是多方面的，既关乎综合素质的提高、职业理想的确立、职业操守的养成、人际关系的调整，又关乎道德品行的完善、个人潜能的发挥以及人生目标的实现。可以概括为两个方面：一是成就事业，二是自我完善。习近平同志说：“道德之于个人、之于社会，

---

① 国务院新闻办公室，中共中央文献研究室，中国外文出版发行事业局. 习近平谈治国理政［M］. 北京：外文出版社，2014：158.

都具有基础的意义，做人做事第一位的是崇德修身。这就是我们的用人标准为什么是德才兼备、以德为先，因为德是首要、是方向，一个人只有明大德、守公德、严私德，其才方能用得其所。”① 所以，道德修养是专业技术人员自身发展的基石。

职业道德体现了完整的职业价值观。职业道德是职业活动中的行为准则，但它并不只是单纯的行为规则系统，而是包含了职业伦理、职业理念、职业操守、职业禁忌等内容。职业道德的丰富内容构成了特定职业完整的职业价值观，从而成为从业人员在职业活动中保持正确方向、焕发工作热情、抵制不良倾向的思想基础。专业技术人员掌握精湛的专业技术无疑是事业发展的基本条件，但高尚的道德情操同样是创业立业和自身发展的重要保证，而且在很多情况下更为重要。一个人如果缺乏必要的职业道德修养，即使具有很高的专业造诣，也可能事倍功半甚至走上邪路。

职业道德修养是个人整体素质的重要方面。一个人的自身发展根本上有赖于个人素质的全面提高。从业人员的职业素质包括专业和文化科学知识、职业技术技能、与人交流合作的能力、思想道德品质等诸多方面的内容。从广义上讲，它还包括个人身体素质、心理素质和智力素质。这些基本品质既取决于先天禀赋，又受后天教育与修养影响。职业道德是从业人员职业素质的有机组成部分，也是构成其整体素质的重要因素。从各行业优秀的从业人员尤其是杰出的科学技术工作者身上，我们更能清楚地看到，职业道德往往是他们个人品质中最持久发挥作用的因素，是他们向事业高峰奋进的有力支撑。1939 年 12 月 21 日，毛泽东同志在《纪念白求恩》的文章中，高度赞扬了白求恩同志作为一名医生忠诚于医疗职业、对技术精益求精的精神，以及他对工作极端负责、毫不利己专门利人的精神，并且极其精辟、深刻地解释了这些宝贵品德对于成就高尚人生境界的意义。他说：“一个人能力有大小，但只要有这点精神，就是一个高尚的人，一个纯粹的人，一个有道德的人，

---

① 国务院新闻办公室，中共中央文献研究室，中国外文出版发行事业局. 习近平谈治国理政［M］. 北京：外文出版社，2014：173.

一个脱离了低级趣味的人，一个有益于人民的人。”① 在经历了 80 多年岁月的今天，我们仍然可以从这些话语中领悟到毛泽东同志对职业工作中优秀道德品质的深情礼赞。

本章思考题

1. 什么是职业？其特点主要包括哪些方面？
2. 如何理解职业道德的内涵？
3. 如何理解专业技术人员职业道德的特点及与其他社会规范的关系？
4. 试述加强我国专业技术人员职业道德建设的意义。

① 中共中央文献编辑委员会．毛泽东选集：第二卷［M］．北京：人民出版社，1991：660.

第二章

专业技术人员职业道德规范的主要内容

本章学习目标

本章重点介绍专业技术人员职业道德规范的主要内容，并结合实际案例进行分析，明确爱岗敬业、精益求精，诚实守信、求真务实，办事公道、清正廉洁，服务群众、克己奉公，奉献社会、敢于担当的行为表现及具体要求。

职业道德是所有从业人员在职业活动中应该遵循的行为准则，涵盖了从业人员与服务对象、职业与职工、职业与职业之间的关系。党的十九大报告明确要求，“深入实施公民道德建设工程，推进社会公德、职业道德、家庭美德、个人品德建设”。2019 年 10 月，中共中央、国务院印发了《新时代公民道德建设实施纲要》，强调推动践行以爱岗敬业、诚实守信、办事公道、热情服务、奉献社会为主要内容的职业道德，鼓励人们在工作中做一个好建设者。这是我国所有从业人员都应该共同遵守的职业道德规范，也是专业技术人员必须遵守的职业道德规范的主要内容，是社会主义核心价值观的重要体现。上述职业道德规范的内容具体到专业技术人员，会因所在行业不同而存在差别，也会因不同的职业性质要求而有所区别。

第一节　爱岗敬业　精益求精

职业和岗位是专业技术人员赖以谋生、完善自己和承担社会责任的载体。爱岗敬业、精益求精是专业技术人员职业道德规范的重要内容，也是对专业技术人员职业行为最基本的要求。

一、爱岗敬业、精益求精的含义

所谓爱岗敬业，是指立足岗位，忠于职守，认真负责，努力完成自己的本职工作。“功崇惟志、业广惟勤”。勤奋工作、爱岗敬业是中华民族的优秀传统。人生的价值，只有在平凡岗位上踏踏实实地敬业奉献才能实现；远大的目标，只有在各自岗位上兢兢业业工作，一步一个脚印地前进才能达到。2018 年 9 月 30 日，在会见四川航空“中国民航英雄机组”全体成员时，习近平总书记指出：“伟大出自平凡，英雄来自人民。把每一项平凡工作做好就是不平凡。”

所谓爱岗，就是热爱自己的工作岗位，热爱本职工作。爱岗是对人们工作态度的一种普遍要求。一名热爱本职工作的专业技术人员，会以正确的态度对待职业工作，会全身心地融入工作，能在平凡的岗位上做出不平凡的事业，能从中获得职业幸福感和荣誉感。一名热爱本职工作的专业技术人员，会主动去提高自己的专业能力，以专业能力立足岗位、服务社会。

敬业可分为两个层次，即功利的层次和道德的层次。功利层次的敬业仅把职业当成衣食父母，虽然勤劳辛苦，但难以达到真正敬业的境界，只有发自内心地对职业虔敬，才是道德层次的敬业。美国权威民意调查机构盖洛普调查把“敬业精神”定义为“对所从事的工作有激情并全情投入其中，工作积极主动并对其所工作的组织做出自身应有的贡献”。只有对职业的喜爱、选择和践行三个环节相一致，才能达到敬业的状态。一名合格的专业技术人员也应该是敬业的。

爱岗敬业是现代社会分工对劳动者的必然要求。现代社会分工越来越专业化，每个岗位都承担着一定的社会职能，每一个岗位都要有人去干，缺一不可。无论是窗明几净的办公室白领，还是风吹日晒的野外勘探人员，专业技术岗位都是现代社会分工中必不可少的公共角色，是社会分工版图中的重要部分。专业技术人员从事某个岗位工作，不仅意味着借此获得一个谋生手段，还意味着获得一个实现价值和理想的平台，职业的尊严和价值要求其履行相应的社会义务和岗位职责，专业技术人员应该按照岗位的要求始终如一、认真履职。岗位有区别，职业无贵贱。对于那些条件好、待遇高、专业性强、工作轻松的岗位，做到爱岗相对比较容易。对于那些繁重劳累、环境偏僻艰苦、单调重复、技术性低甚至还有危险性的工作，要做到爱岗就比较困难了。在这种情况下，强调爱岗敬业尤为必要。

国家需要从制度层面，向艰苦边远、苦累脏差、危险性较大的岗位实行政策倾斜，让这些岗位的从业人员享有公平感和获得感。同时，越是艰苦的地方，越需要具有职业精神的专业技术人员去付出。可以看到，那些获得崇高荣誉的科学家们，正是在这样的环境中为国家作出了巨大的贡献，党和人民没有忘记他们。

二、爱岗敬业、精益求精的行为表现

认真履职是爱岗敬业的具体表现。所谓认真履职，就是踏踏实实、耐心细致，勤勉努力地完成岗位赋予的职责。认真履职的行为表现后面有两层含义：一是谋生层面的认真履职。许多人认真细致地努力工作，是为了不出差错，完成工作，挣钱养家，发财致富。基于这样的认知对待职业，没有什么不对，但这种“认真履职”的道德因素较少，个人利益色彩较浓。二是认识到自己工作的意义而认真履职。这是一种真正意义上的认真履职，这种内在的躬身敬业精神才是鼓舞人们勤勤恳恳、认真负责工作的强大动力。

只有认真履职，才能把爱岗敬业精神落到实处。否则，爱岗敬业将失去基础。不爱岗敬业就很难做到认真履职，不认真履职也很难说是真正的爱岗敬业。职业岗位是专业技术人员安身立命、成名成家、服务社会的基础，离开全身心地投入、热爱岗位、认真工作，一切社会的发展和进步都将是空中楼阁。所谓敬业，就是用一种严肃的态度对待自己的工作，勤勤恳恳、兢兢业业、忠于职守、尽职尽责。

不断进取、精业为上是精益求精的具体表现。科学技术的发展一日千里，人民群众对美好生活的向往和社会的不断发展都对专业技术人员履职提出了更高的要求。专业技术人员在科学前沿领域工作，具有一定的先进性、创造性、示范性。专业技术人员要提供优质、专业的服务，必须紧跟快速发展的科学前沿，这要求他们必须不断进取，不断学习，不能满足于已有的专业能力。我们不能离开业务水平和职业技能来评价专业技术人员的职业道德。一名职业道德水平高的专业技术人员，必然会通过刻苦钻研来不断地提高自己的职业技能。鄙薄技艺、不学无术的专业技术人员，不可能成为一名职业道德高尚的专业技术人员。所以，专业技术人员要保持永不满足、精益求精的精神，要保持知识与技能的不断更新与发展，不断提升自己的专业能力。专业技术人员不断进取、精业为上的主要着眼点在于学习。习近平总书记强调，既要向书本学习，也要向实践学习；既要向人民群众学习，向专家学者学习，也要向国外有益经验学习。一是从书本上学。“书到用时方恨少，事未经过不知难。”要通过各种方式系统地学习，掌握好相关知识和理论，打牢基础。二是要在实践中学，并将所学运用到实践中去。“纸上得来终觉浅，绝知此事须躬行。”专业技术人员从事的工作具有很强的实践性，要将书本所学与生产实践紧密结合。既要养成良好的规则意识，严格按照规章、标准和程序操作，又要不唯书、不唯上、只唯实，在实践中提出意见和建议，不断完善标准和程序。三是向身边人学。“三人行，必有我师。”专业技术人员要有一种强烈的求知欲望，树立“终身学习”的观念。要善于向身边的人请教，乐于从身边发生的事情中吸取教训，取长补短，钻研业务，不断开阔自己的视野，努力充实、调整和完善知识结构，熟练掌握本职工作所要求的岗位技能，使自身具备较高的综合素质，以适应新时代经济社会发展的需要。

案例

为一大事来，鞠躬尽瘁；做一大事去，泽被子孙：国家荣誉称号获得者顾方舟①

临危受命，他承担脊髓灰质炎研究工作

1955 年，江苏南通爆发了一场奇怪的疫情。整个城市，总共有 1680 人不幸感染，感染者大部分是儿童，其中 446 人死亡。他们共同的症状是：瘫痪。疫情发展得很快，从南通到青岛、上海、南宁、济宁等许多城市纷纷告急。一时间，恐慌情绪在蔓延，人人谈之色变，许多家庭终日闭门谢客。这种疾病，学名叫脊髓灰质炎，俗称小儿麻痹症。疫情发生后，顾方舟和夫人李以莞一起到达江苏南通。之后，顾方舟被国家指定专门研究这种可怕的疾病。

① 人民科学家“糖丸爷爷”顾方舟：以子试“毒”［EB/OL］新浪网.［2019-09-30］. http://news.sina.com.cn.

面对未知的风险，他以身试药、以子试药

在异常艰难的情况下，第一批生产的疫苗在猴子身上通过了动物试验。动物试验好解决，关键是如何做临床试验。临床试验一般分为三期，从少数人受试，逐渐扩大到更大范围的人群。由于找不到人来进行真正的临床试验，活疫苗的安全性在国际上一直饱受争议。在这种情况下，顾方舟带头第一个喝下了一瓶疫苗溶液，以身试药。在他的带动下，同事们也都口服了疫苗溶液。一周之后，他和同事们各项体征指标完全正常。因为疫苗主要是给幼儿使用的，成年人可以抵抗疫苗的毒性，并不代表幼儿可以。这就需要找10个一岁左右的健康幼儿进行试验。上哪里找这么多幼儿进行试验呢？顾方舟首先想到了自己不满一岁的儿子。在顾方舟的带动下，其他同事的适龄孩子也都服用了疫苗参与试验。10天的试验期过后，孩子们安然无恙。这一结果也让所有人都放下了内心的愧疚和担忧，一向坚强的顾方舟和同事们抱在一起流下了眼泪。此后，他们在北京进行了2 000名适龄儿童的二期试验。顺利通过后，他们又在全国10个城市进行了450万名适龄儿童的第三期临床试验，也取得了成功。

从液体疫苗到固体糖丸，他让中国成为无脊髓灰质炎国家

2000年7月21日，74岁的顾方舟在卫生部举行的“中国消灭脊髓灰质炎证实报告签字仪式”上庄严地签上了自己的名字，中国正式成为消灭脊髓灰质炎的国家，这也是继消灭天花之后的又一项伟大成就。

2019年1月2日，顾方舟因病逝世，享年92岁。爱人李以莞给他的挽联上写的是：“为一大事来，鞠躬尽瘁；做一大事去，泽被子孙。”这是顾方舟一生的至真写照。

【案例评析】顾方舟是知识分子中的优秀代表。他的“爱岗敬业，精益求精”已经达到了对人民的生命健康负责，以人民的利益为重的高度。从未知到有知，再到应用，是一个充满风险和挑战的过程，他以自身乃至家人的生命风险为代价，换取百姓的健康和安全，充分展现了一名医学专业技术人员崇高的思想境界。从某种意义上说，国家的需要、人民的需要是爱岗敬业的

前提和基础，对人民的利益高度负责是精益求精的精神动力。

三、爱岗敬业、精益求精的具体要求

中国古代思想家提倡敬业精神，孔子称之为“执事敬”，朱熹解释敬业为“专心致志，以事其业”。职业在英文中对应“profession”，前缀“pro”是“宣示”的意思，带有神圣性，从事职业的人必须虔诚敬业。现代的职业思想认为，律师、教师、医生等职业人都有一些共性特点，即他们都有公共性，他们都信奉公共服务的精神追求，执着于促进公共福祉，必须躬身敬业。

专业技术人员要做到爱岗敬业，认真履职。一是树立正确的职业观，正确处理职业理想和理想职业的关系。我们从事的职业也许并不是最初的理想职业，这就要求每一个人都要正确对待自己的理想与社会需要之间的关系。社会主义职业道德所提倡的职业理想是以为人民服务为核心，以集体主义为原则，热爱本职工作。只有将国家和社会的需要与自身的职业追求结合起来，个人才可能有光明的职业前程。二是忠于职业，遵守职业规范，专心致志做好本职工作。做好本职工作是指把职业岗位赋予的职责放在第一位，而不是先做本职以外的、派生性的或其他为个人利益服务的工作。专业技术人员要认真做好本职工作，遵守职业规范，以提供优质产品、优质服务为职业根本。三是对服务对象负责。要忠于自己的职守，对服务对象负责，充分尊重职业活动中需要打交道的各种人。换位思考，从服务对象的角度考虑到对方处境和所需，也要考虑到自己的活动会给他们带来什么样的影响，自己对他人负有什么样的义务。

专业技术人员要做到爱岗敬业，需要从以下几个方面着手：第一，树立积极的工作态度。专业技术人员要时刻保持积极的工作态度，认真对待自己的工作，要在社会需求与个人职业兴趣之间找到适当的结合点，从工作中得到乐趣，把自己变成工作的主人。第二，具备良好的职业素质。爱岗敬业的专业技术人员会全身心投入到工作中，因为他们会把工作当成一种享受。这种内在的精神力量是爱岗敬业的动力，会鼓舞人们认真工作。只有爱岗敬业的专业技术人员才会不断提高自己的职业素养，并在工作中最大限度地发挥自己的潜能，为组织创造更丰富的财富，从而实现自身价值。第三，注重团队精神。组织是一条船，当你在这条船上，你就成为这条船上的一员。这条船是满载而归还是触礁搁浅，取决于你是否与船上所有成员齐心协力、同舟共济。所以，每一名专业技术人员都应快乐地融入自己的团队中，做团队前进的助推器。第四，培养职业荣誉感。职业荣誉感是专业技术人员在职业范围内做好工作的职业责任感以及由此而获得的尊重、自尊及光荣的感觉。职业荣誉感是爱岗敬业的具体表现，是职业道德的重要组成部分。它可以很好地维护和激励职业道德，并且通过职业道德对职业行为产生作用。

案例

学生们心中永远的"老爹"①

邵春亮，男，汉族，1935 年 5 月生，中共党员，大连理工大学电信学院教授、少数民族预科班班主任。邵春亮 1960 年从大连理工学院毕业后留校任教，从 1986 年开始，在民族预科班里驻守 25 年，和 600 多名少数民族学生建立了非同一般的关系，孩子们叫他"汉族老爹"。

少数民族预科班从新疆维吾尔自治区以及其他 5 个省份招收少数民族学生，先在预科班学习一年高中课程，经考试合格后再升入本科继续学习。这些学生成绩参差不齐，文化课基础较差，民族风俗、生活习惯更是千差万别。邵春亮接手这个班后，从学习到日常生活都给予了学生们无微不至的关心和爱护，在这个班主任岗位上一干就是 25 年，他也因此被学生们亲切地称为"老爹"，受到了广大学生的信任和爱戴。

---

① "三多"为何？600 位少数民族学生爱上 76 岁邵"老爹"［EB/OL］. 中国文明网·道德模范频道.［2011-09-22］. http://www.wenming.cn.

25年来，邵春亮用慈父般的爱心、甘于奉献的恒心、刻苦钻研业务的事业心、胸怀大局的责任心，以出色的教学能力以及丰富的学生工作经验，为少数民族地区培养了600多名本科人才，为边疆民族地区的繁荣发展、和谐稳定做出了重要贡献。

不论刮风下雨，酷暑严冬，邵春亮总是准时出现在教室，坚持天天跟同学们一起上晚自习；他经常特意到清真食堂吃午餐，跟学生们一边吃饭，一边聊天；每逢年节他必请同学们来家享用“免费的午餐”；每个新年他都给学生们写贺年卡。学生们在日常学习、生活中遇到什么事情，都愿意跟邵老师讲。许多学生家长也经常找邵老师了解孩子的情况，他对每个学生的情况都了如指掌，让家长们十分感动和敬佩。邵老师说：“为学生，无论做什么我都心甘情愿。”

邵春亮不仅对学生的生活照顾得无微不至，专业教学也同样出色。为了弥补担任班主任占用的时间，他经常利用业余时间、假期、休息日备课，编写教材，撰写论文及做相关科研工作，不断充实和提高业务水平。他教的“电路原理”课，深受同学们的欢迎。

邵春亮有着强烈的责任心。他常说：“少数民族地区是祖国的重要组成部分，建设好这些地区，关键还得靠少数民族。把这些娃娃培养教育好，将来他们回到民族地区会发挥更大的作用。”为了让学生们学习好文化课，他总是亲自设计安排教学课程，逐一跟教务处及有关院系沟通。20多年来，邵老师所带的学生都顺利升入了本科。

2005年，邵春亮在大连理工大学电信学院组织的首届“我最喜爱的老师”评选活动中，赢得了全院最高票。2011年被评为第三届全国道德模范。

【案例评析】邵春亮是一名普通教师，年过半百之后，担负起民族教育的重任，把一批又一批少数民族学生培养成学业有成、家长满意、边疆所需、祖国放心的社会主义建设者和接班人，他的生命也因此而跃上了新高度。这种精神内核正是爱岗敬业的普适价值和导向意义。邵春亮把教师对学生的爱、长辈对晚辈的爱升华到了对民族教育事业，对民族地区稳定、进步和繁荣事业的爱，从而使这种爱冲破了狭隘局限成了无疆大爱。纵览邵春亮的事迹，多是再平凡不过的小事。然而，正是这些认认真真做好的小事诠释了大爱的内涵。从这些平凡小事中，我们可以发现当代专业技术人员的大境界：既志存高远又求真务实，既仰望星空又埋头苦干；舍小家而顾大家，为了“产出”不惜“投入”，精神崇高，境界参天。先进典型虽然不能克隆，但爱岗敬业的精神和境界可以推广，认认真真履职的精神值得广大专业技术人员学习。

第二节　诚实守信　求真务实

在中国传统儒家伦理中，诚实守信被视为“立政之本”“立人之本”“进德修业之本”。孔子曾说，“民无信不立”，他把“信”摆到了关系国家兴亡的重要位置，认为国家的朝政得不到人民的信任是立不住脚的。诚信是立人立国之本，也是专业技术人员的立身之本。诚实守信与求真务实相辅相成。诚实必然求真，务实必然守信。不求真务实，就无从谈诚实守信。

一、诚实守信、求真务实的含义

所谓诚实守信，是在职业活动中诚实对人、诚实办事、恪守信誉、不弄虚作假。诚实是真实不欺、光明磊落、言语真切、处事实在。守信就是信守诺言、说话算数、讲信誉、重信用，履行自己应承担的义务。诚实侧重于内心的诚，是对客观事实的反映，对自己内心思想、情感的真实表达。守信侧重于外在行为的可信，是忠实于自己应承担和履行的责任和义务，毫无保留地践行自己的诺言。诚实是守信的基础，守信是诚实的具体表现。

专业技术人员在社会主义现代化建设中的特殊地位和重要作用决定其不

仅要积极培育和践行国家层面的价值目标和社会层面的价值取向，而且要注重个人层面价值准则的养成。社会主义核心价值观把“爱国、敬业、诚信、友善”作为现代公民个人价值准则。专业技术人员职业道德，不仅是个人层面的价值准则，更是社会层面的价值取向。

专业技术人员的职业一般具有高度专业性，行为规范较多依赖自律，因此更需要倡导诚实守信。专业技术人员从事需要专门知识、专业技能的生产劳动，其职业道德除了具有一般职业道德特点外，还反映知识型劳动的特殊规范和原则，是一种特殊的社会意识形态。专业技术人员所从事的职业具有公共性，代表社会的良知，是社会公正的源头。他们的弄虚作假直接损害社会的公共利益，造成社会公共危机。专业技术群体之间通常存在较强的专业性壁垒，甄别专业知识和技术是否弄虚作假，只有专业技术人员自身、甚至顶尖专家才能承担，这种特殊的知识劳动方式需要专业技术人员自觉严格地遵守实事求是的道德规范。因此，自 2011 年开始，中国科学院新当选院士都会签署“承诺书”，承诺将履行院士职责、严格自律。一旦知识和技术领域的弄虚作假成为既成事实，它所造成的后果往往比较严重，不仅会阻碍知识和技术的发展，还会由于人们对知识和技术所普遍具有的崇拜和较高道德期许，对社会心理、道德体系造成负面影响。专业知识领域的弄虚作假还往往游离于一般法律所能规制的范围之外，所造成的损失难以定量和定性，也难以找到适当的补救措施，对社会心理、人们的道德信念的冲击以及所造成的损失往往更难以估量。因此，专业技术人员应该实事求是，力戒浮夸，更不得弄虚作假。

诚信对于维护一个职业和行业的信誉，保持可信赖的形象至关重要。一个行业的信誉是由信用和名誉合成的。一个老百姓信得过的行业依靠每个从业者长期点滴诚信行为的积累和维护。一个拥有良好信誉的行业体现了社会对其以往职业活动价值的承认，也预期该行业在未来活动中的地位和作用，从业者也会受到社会普遍的尊重。

诚信建设是党和国家对个人的要求，也是行业领域对从业者的要求，是专业技术人员的从业规范。党的十九大报告中明确提出要加强思想道德建设，强调要推进诚信建设。《国务院办公厅关于加强个人诚信体系建设的指导意见》《国务院关于建立完善守信联合激励和失信联合惩戒制度　加快推进社会诚信建设的指导意见》等文件，对社会诚信建设提出了明确要求。《高等学校教师职业道德规范》规定，教师要诚实守信、力戒浮躁，坚决抵制学术失范和学术不端行为。作为教育工作者，师德永远是第一标准。学术造假违背基本师德、学术道德和科学精神，对其永远是“一票否决”的零容忍。《中小学教师违反职业道德行为处理办法》规定，教师在招生、考试、考核评价、职务评审、教研科研中弄虚作假、徇私舞弊的，将受到相应的处罚。《律师职业道德和执业纪律规范》规定，律师应当诚实守信，勤勉尽责，尽职尽责地维护委托人的合法利益。

知识链接

诚实守信最可贵

世界著名的心理学家安德森曾经就人际交往的“吸引与喜欢”做过一项调查：他将550个描写人的形容词列成一张表，让人们从中选择他们最愿意交往的人的品质。结果显示，在评价最高的8个形容词中，有6个是与“诚实”相关的，它们分别是：真诚、诚实、忠诚、真实、信得过和可靠。这个结果是耐人寻味的。可以说人活在世上，最宝贵的财富就是具有诚信品质，使别人放心与之交往。

二、诚实守信、求真务实的行为表现

没有诚实劳动、恪守信誉的职业精神，社会就不会进步和健康发展。专业技术人员要把诚实守信作为自己的行为规范，并达到内心和行为合一的道德境界。我们每个人都处于复杂的社会关系中，面临社会利益和关系的冲突，面临内心善恶和欲望的冲突，一辈子完全做到内心的诚和外部行为的信并非易事。正是由于坚守诚信不容易，才越显其珍贵。大凡诚信之人，在精神境界上，都追求真善美。职业活动中重视职业信誉，珍视服务质量；平时诚实劳动，勤恳敬业，规范服务。对自己严格要求，淡泊名利、谦虚谨慎，并控制自己的欲望，努力修身。利益的诱惑会使人采取不当手段，投机取巧，弄虚作假，以职谋私。一个为了经济利益而谋私的人，不可能做到诚实守信。

遵守承诺是诚实守信的行为表现，必须说到做到。言必信，行必果。自觉贯彻执行党的路线方针政策，自觉履行职责，承担各种社会义务；坚决克服说空话、说大话、说谎话的毛病。2019 年 6 月 5 日，人力资源社会保障部人事考试中心印发了《专业技术人员资格考试报名证明事项告知承诺制试点工作实施方案》，在 2019 年下半年组织实施的 12 项全国专业技术人员资格考试中，试行报名证明事项告知承诺制。这正是基于诚实守信的道德规范要求而进行的制度建设。该制度的内容是：报考人员报名参加相关专业技术人员资格考试时，考试组织机构将规定的报考人员证明义务、证明内容和报考条件一次性告知报考人员。报考人员承诺本人已经知晓规定的证明义务和证明内容，符合被告知的报考条件，报考时所填报的信息真实、准确、完整、有效，并愿意承担虚假承诺的责任。报考人员无须携带学历证明、从事相关专业工作年限证明等证明材料到现场进行资格审核。资格审核部门（机构）对报考人员填报的信息进行核验和核查，并依据其作出的承诺为其办理报考相关事项。考试组织机构加强事中事后监管，对虚假承诺行为和违纪违规行为作出处理。

实事求是、不弄虚作假是求真务实的行为表现。做老实人，讲老实话，办老实事，踏实可靠。严格自律，自觉遵守各项制度法规；言行一致，不当面一套背后一套。在任何场合、任何时候和任何情况下，都要做一个光明磊落的人，做一个诚实守信的人。《科技工作者科学道德规范（试行）》规定的违反科学道德的七种类型学术不端行为，大多属于弄虚作假行为①。学术不端行为中的弄虚作假，从情节和后果严重程度看，表现为虚夸、作假，甚至欺诈。由于近年来学术评价中出现“教授出数量，数量出教授”的不正常现象，一稿多投、挂名、重复发表等现象时有出现。

弄虚作假，即制造假的现象以欺骗别人。弄虚作假主要有以下三方面特征：第一，行为主体是蓄意的、明知故犯的或是肆无忌惮的；第二，违反社会普遍的道德标准，或严重背离职业或相关行业的行为规范；第三，弄虚作假行为不包括诚实的错误或者观点的分歧。判断一个人的行为是否符合道德规范应当考虑三个因素：一是行为本身的目标，二是行为人的行为动机，三是该行为的情境。例如：为了欺骗他人而说谎，行为本身的目标就是不道德的；帮助别人是为了图谋不正当的利益，行为人的动机不道德；为了某个善的目的而刑讯逼供，则由于行为的情境不道德而导致行为有伦理瑕疵。

案例

诚信的霍金推翻自己成名的黑洞理论②

霍金1975年提出的黑洞理论——“黑洞会摧毁它们吞噬的一切信息”，使他一举成名。之后近30年里，霍金一直在思考不同形状、体积各异的黑洞

① 学术不端行为七种类型表现为：a. 故意做出错误的陈述，捏造数据或结果，破坏原始数据的完整性，篡改实验记录和图片，在项目申请、成果申报、求职和提职申请中做虚假的陈述，提供虚假获奖证书、论文发表证明、文献引用证明等（第十九条）；b. 侵犯或损害他人著作权，故意省略参考他人出版物，抄袭他人作品，篡改他人作品的内容；未经授权，利用被自己审阅的手稿或资助申请中的信息，将他人未公开的作品或研究计划发表或透露给他人或为己所用；把成就归功于对研究没有贡献的人，将对研究工作做出实质性贡献的人排除在作者名单之外，僭越或无理要求著者或合著者身份（第二十条）；c. 成果发表时一稿多投（第二十一条）；d. 采用不正当手段干扰和妨碍他人研究活动，包括故意毁坏或扣压他人研究活动中必需的仪器设备、文献资料，以及其他与科研有关的财物；故意拖延对他人项目或成果的审查、评价时间，或提出无法证明的论断；对竞争项目或结果的审查设置障碍（第二十二条）；e. 参与或与他人合谋隐匿学术劣迹，包括参与他人的学术造假，与他人合谋隐藏其不端行为，监察失职，以及对投诉人打击报复（第二十三条）；f. 参加与自己专业无关的评审及审稿工作；在各类项目评审、机构评估、出版物或研究报告审阅、奖项评定时，出于直接、间接或潜在的利益冲突而作出违背客观、准确、公正的评价；绕过评审组织机构与评议对象直接接触，收取评审对象的馈赠（第二十四条）；g. 以学术团体、专家的名义参与商业广告宣传（第二十五条）。

② 著名科学家推翻自己成名的黑洞理论［EB/OL］. 网易科技.［2005-12-05］. http://tech.163.com.

在无数年后会出现何种变化。他通过计算证明，黑洞内部最初的信息量与最终的信息量相等。他说："黑洞里面不会发展出新宇宙。黑洞只是看上去处在形成之中。后来，它就会向外辐射其吞噬的物质的所有信息。不过，这些信息已经被黑洞撕碎、打破和重整了。"于是，霍金于2004年当众认输，推翻了他1975年赖以成名的黑洞理论，承认黑洞并非可怕的物质"终结者"，崩溃的星球形成的黑洞其实不会吞噬和消灭一切物质，而会保留被吞噬物体的些微痕迹，最后以残破的形式"吐"出来。

2004年7月，霍金在都柏林举行的"第17届国际广义相对论和万有引力大会"上提出了新的理论。面对世界各国著名的物理学家，他详述了"新黑洞"理论。霍金还向来自50个国家约800名科学家介绍说："黑洞里面不会发展出新宇宙，这和我以前的想法相反。这些信息仍存在我们宇宙里。我很抱歉让科幻小说迷失望了，可是既然这些信息保存下来，就不可能利用黑洞前往其他宇宙。

次原子理论拥护者坚持物质不灭定律，也就是物质会改变形式，可是绝不会消灭，在这种情况下，物体如何能够完全消失在黑洞里，丝毫不留任何痕迹？作为整个现代物理学基础的量子理论，宣称所有信息都会以某种形式保存下来。黑洞理论则认为，黑洞会吞噬物质及其相关信息。因此，黑洞理论和现有的量子理论相矛盾。斯坦福大学理论学家苏斯坎曾经说，霍金原来的理论会导致大部分量子理论瓦解。霍金自己也曾经为两种理论之间的矛盾而苦恼，然而，他勇敢而大胆地承认错误，提出新理论，终于结束了纠缠他30年的苦恼，"新黑洞"理论不再和量子理论相矛盾。

【案例评析】诚信是科研人员的立身之本、立业之基。科学研究中的错误是难免的，诚实的人也会犯错误。诚实的人犯错误是由于认识能力和认识方法的局限，而后能勇敢承认并纠正。而虚伪的人犯错误则是由于不诚实，属于道德品质问题。无数的历史和实践表明，专业技术领域成就的取得，不仅需要丰富的科技知识、创新的思维能力，还需要具备高尚的思想品格、诚信的品行、求真务实的科学精神。

三、诚实守信、求真务实的具体要求

诚实守信、求真务实要求培养诚信意识。从制度层面，要针对专业技术人员工作特点，进一步完善专业技术人员职业道德规范，引导专业技术人员自觉遵纪守法、勤勉尽责、参与管理、强化服务，不断提高专业胜任能力；督促专业技术人员坚持客观公正、诚实守信、廉洁自律，不断提高职业操守，提升诚信素养。广泛开展诚信教育，将职业道德作为继续教育的必修内容，弘扬诚信理念，学习诚信模范等典型事迹，深入剖析违反诚信的典型案例，提高专业技术人员的诚信意识。个人层面，要强化诚信意识的培养，从小事做起，从自我做起。

诚实守信、求真务实要求遵循诚信从业准则。各行各业均有自己的从业准则。诚信从业意味着不徇私舞弊，不弄虚作假，意味着遵循所在行业的纪律准则、道德准则、国际惯例，自觉抵制与自身其他义务或权益有利益冲突的活动。

诚实守信、求真务实要求维护职业操守。一是忠诚老实。忠于党，忠于祖国，忠于人民，忠诚于自己的职业和工作单位，不损人利己，不要因为一己私利而损害别人的利益，不做有损党和国家形象的事情，不做有损人民利益的事情，不做有损组织利益的事情。二是信守承诺。自觉履行自己的职责，承担起应该承担的各种社会义务；坚决不说空话、大话、谎话。三是表里如一。自觉遵守各项法规制度，言行一致，绝不当面一套背后一套，与同事、与合作伙伴诚信共处。在任何场合、任何时候和任何情况下，都做一个光明磊落、堂堂正正的人。四是正确对待名利。保持健康的思想情操和崇高的精神追求，对名利淡泊一些、超脱一些，一心一意做工作，全神贯注干事业，不见利忘义，自觉做到不为名所累、不为利所缚。

第三节　办事公道　清正廉洁

一个风清气正、公平公正的社会环境，易于使人形成愉悦的心境、积极的心态，鼓励人们爱国、敬业、诚信、友善，为营造和谐社会关系、创造自己的幸福生活而努力奋斗。办事公道、清正廉洁体现了“公正、法治”的基本精神，也是专业技术人员职业道德的基本要求，更是社会主义核心价值观的要求。专业技术人员是实现国家治理现代化的中坚力量，是在国家与公民之间发挥桥梁和纽带作用的重要群体。办事公道是专业技术人员践行公平正义价值共识的行为准则，“自由、平等、公正、法治”的价值目标和现实要求体现在专业技术人员的职业行为准则上，就是要办事公道、清正廉洁。

一、办事公道、清正廉洁的含义

所谓办事公道，就是要求专业技术人员在从事职业活动、履行岗位职责时秉持公心，按照同一标准，遵循公平、公正、公开的原则办事情、处理问题，不偏不倚，结果公允；主持公道，伸张正义，平等待人，保护弱者；不徇私情、不谋私利，不计较个人得失。专业技术人员职业道德规范都会对从业人员做出秉持公道、清正廉洁、不谋私利的要求。例如，《医疗机构从业人员行为规范》第八条规定：廉洁自律，恪守医德。弘扬高尚医德，严格自律，不索取和非法收受患者财物，不利用执业之便谋取不正当利益；不收受医疗器械、药品、试剂等生产、销售企业或人员以各种名义、形式给予的回扣、提成，不参与其提供的各类娱乐活动；不违规参与医疗广告宣传和药品医疗器械促销，不倒卖号源。

孔子曰：“其身正，不令而行，其身不正，虽令不从。”也就是说，当管理者自身端正，作出表率时，不用下命令，被管理者也就会跟着行动起来；相反，如果管理者自身不端正，而要求被管理者端正，那么，纵然三令五申，被管理者也不会服从。专业技术人员掌握着专业知识和专门技能，是我国经济社会发展中提供公共服务和进行社会主义现代化建设的一支重要力量，人员数量众多、分布广泛，其中大部分从事教育、科技、文化、医疗卫生等社会公益事业，社会影响力大。如果他们在提供服务时平等对待所有人，秉承处事公平、办事公道的平等理念，将有利于推动建设社会主义法治国家，反之，则很容易对行业风气、社会风气产生不良影响。

知识链接

权力寻租

对于以权谋私、以职谋私现象，西方经济学中的寻租理论进行了非常深刻的剖析。公共选择理论的代表人物布坎南把寻租定义为："寻租是指那些本可以用于价值生产的资源被用于只不过是为了决定分配结果的竞争，寻租从总体上看没有创造价值，是一种纯粹的社会浪费。"① 以权谋私主要指政府部门，以职谋私主要指行业和公共服务事业。这些部门或行业的职权掌握者利用手中的权力，避开各种规制、审查，从而达到寻求或维护既得利益的目的。

"权力寻租"通过权力主体的设租、个体的寻租这样一个过程完成。当权力或行为在服从和服务于广大受众时，权力主体增加各种人为和非人为因素的干扰和阻挠，以各种不正当的手段及形式导致"正当权力（行为）"被"租借"和"移植"，寻租个体利用合法或非法等手段获得租借和移植权力带来的好处。这往往是权钱交易的过程，是权力在信息不公开、不透明状态下的一种畸形发展模式。

寻租活动在掌握权力的人和拥有财富的人之间架起了一座桥梁，一方用权力换取金钱，另一方则用金钱换取权力以谋求更大私利。以权谋私、以职谋私的当事人在寻租活动的过程中往往是主动地去进行"设租"和"寻租"，而不仅仅是等着"猎物"上门。

---

① ［美］詹姆斯·M·布坎南. 自由、市场与国家：80 年代的政治经济学［M］. 平新乔，莫扶民，译. 上海三联书店出版社，1989：1.

二、办事公道、清正廉洁的行为表现

专业技术人员坚持照章办事的原则，遵循宪法法律规范，做到行所当行，止所当止。坚持实事求是的原则，从事情的实际情况出发，正确地对待和处理问题。面对大是大非敢于亮剑，面对矛盾敢于迎难而上，面对危机敢于挺身而出，面对失误敢于承担责任，面对歪风邪气敢于坚决斗争。

要有正确的是非观、义利观、权力观、事业观，一心为公、事事出于公心，坦荡做人、谨慎用权，光明正大、堂堂正正。要把社会和集体利益放在首位，要敢于说“不”，不怕各种权势，不计个人得失。要不谋私利，反腐倡廉。俗话说：“利令智昏。”私利能使人丧失原则，丧失立场。收了人家的好处就无法做到办事公道。

要心有所畏、言有所戒、行有所止，谨慎对待手中拥有的职业权力，手握戒尺，克己奉公。提升是非识别、判断能力，提高专业素养和专业能力，真正做到心中有杆秤，明辨是非，办事公道。

三、办事公道、清正廉洁的具体要求

权力来源于职位，这决定了专业技术人员不得以职谋私。所谓以职谋私，是指利用职务之便或掌握的信息优势，滥用职权或未尽职位之责，以谋取一己之私利。专业技术人员的权力主要通过专业权威发挥影响力，即作为“某种能力或预存属性”来发挥作用，使人发自内心地服从。比如，人们遇到困惑，自然而然要听听专家怎么说；在健康问题上，人们天然地相信医生，这是因为非常信赖医生这个角色和职位所具备的能力。既然权力来源于职位和岗位属性，那么自然不能成为谋私的工具。

权力的公共性决定了职权应当服务于社会。专业技术人员凭借一己之力无法获得专业权力，专业权力的获得是社会赋予和自身素质的结合，是社会符号权力、社会文化心理等综合因素的结果，具有公共性。这些职权应该服务于社会、服务于全体人民，如果为了少部分人的利益或为谋取私利而滥用职权，就是扭曲或改变了这些职业的社会性质，侵犯了带有公共性质的权力。专业技术人员把手中的权力视为己有，或用于谋取私利，就是未尽职责或失职的表现，因而是违反职业道德的，是不被允许的。

办事公道、清正廉洁要求不得以职谋私。不以职谋私是专业技术人员基本的行为规范。习近平总书记强调，“严以用权，就是要坚持用权为民，按规则、按制度行使权力，把权力关进制度的笼子里，任何时候都不搞特权、不以权谋私。”不以权谋私是对党员干部的要求，也同样是对专业技术人员的要求。专业技术人员掌握着一定的技术权力、知识权力和信息优势，是某一领域的知识权威、专业权威和信息源。因为专业技术的高深精尖等特性，不同的专业领域之间存在着很强的专业壁垒，使得不具备专业知识的圈外人难以判断某一专业行为是否得当。专业技术人员从事着某项职业，占据着某个职位，承担着明确的工作任务，被赋予了相应的权力，专业技术人员的“职”，是职位、职务、职权、职责的统一。

办事公道、清正廉洁要求遵纪守法。举止有法度，遵守本职工作中应遵守的规章、条例、守则等职业纪律，坚持职业道德在实际工作中的具体规范性要求。尤其是在基于职位或对信息资源的掌握，对某事具有自由裁量权时，专业技术人员不仅要严格遵守法律法规的要求，还应当不偏不倚，合理地行使裁量权，公平公正地行事。

办事公道、清正廉洁要求坚持科学精神和专业精神。科学精神包括执着探索精神、改革创新精神、虚心接受科学遗产的精神、理性精神、求实精神、求真精神、实证精神、严格精确的分析精神、协作精神、民主精神、开放精神、实践精神等。1941 年竺可桢在《科学之方法与精神》一书中论述科学精神的内涵为：“一是不盲从，不附和，以理智为依托。如遇横逆之境遇，则不屈不挠，不畏强御，只闻是非，不计利害。二是虚怀若谷，不武断，不蛮横。三是专心一致，实事求是，不做无病之呻吟，严谨整饬，毫不苟且。”专业技术人员只有具备了科学精神，才会自觉地遵守自然规律、社会规律，努力探索，以发现事物的运行规律和发展规律。专业技术人员勤奋钻研，具备本学科的专业知识，才能深刻理解自己所从事的专业技术工作，才能在此基础上形成职业情感，并上升为职业意志，最终形成一种专业精神。

办事公道、清正廉洁要求守住职业“良心”。职业良心是从业人员对职业责任的自觉意识，是专业技术人员对社会、对他人履行职业义务过程中所形成的特殊道德责任感和道德自我评价能力。

案例

拒收红包的做法成教科书式操作①

2019 年 4 月，江苏省宿迁市泗阳县人民医院胸外科主任医师赵龙要为一位 71 岁的老太太做食管切除手术。由于老太太两年前做过脾切除手术，体质较弱，她儿子放心不下，手术前来到赵龙的办公室，送了一个 3 000 元的红包，当时就被赵龙果断拒绝了。经过 3 个小时，手术顺利完成。赵龙回到办公室刚坐下，老人的儿子又进来，二话不说，将钱放在他的办公桌上，转身就走。当面拒收红包不成，赵龙把 3 000 元红包转交给科室护士长，请她把钱打到患者的住院账户上。

赵龙的这一做法在网上热传，并被新华社、人民网、央视网、江苏新闻等多个国家级和省级媒体报道，许多网友称赞他医德高尚。

【案例评析】拒收红包是医生廉洁行医、恪守医生职业道德的表现。案例中赵龙医生的做法引发媒体的热切关注，受到网友的高度评价，是大家对廉洁行医行为的充分认可。

第四节　服务群众　克己奉公

习近平总书记指出，我们党的初心和使命就是为中国人民谋幸福，为中

① 不“火”都难！宿迁这位医生拒收红包做法成教科书式操作［EB/OL］．宿迁文明网．［2019-04-10］．http://jssq.wenming.cn.

华民族谋复兴。专业技术人员不忘初心、牢记使命就是要始终坚持为人民群众服务的宗旨，虚心向群众学习，真心对群众负责，热心为群众服务，诚心接受群众监督。服务群众、克己奉公是职业道德的基本要求，也是专业技术人员必须遵守的职业道德规范。

一、服务群众、克己奉公的含义

所谓服务群众，是指在自己的岗位上全心全意为人民服务，把人民群众的需要作为一切工作的出发点，把群众最迫切需要解决的问题作为工作的着力点，把群众最关心的问题作为工作的突破点。服务群众明确了专业技术职业群体与人民群众的关系，我们工作的主要服务对象是人民群众，我们应当依靠人民群众，时时刻刻想群众所想，急群众所急，忧群众所忧，乐群众所乐。所谓克己奉公，是指克制住自己的私心，以公事为重。克己奉公是服务好群众的基础，服务群众客观上要求以人民群众的需要作为一切工作的出发点和落脚点。

《中国新闻工作者职业道德准则》第一条明确规定，全心全意为人民服务。要忠于党、忠于祖国、忠于人民，把体现党的主张与反映人民心声统一起来，把坚持正确舆论导向与通达社情民意统一起来，把坚持正面宣传为主与加强和改进舆论监督统一起来，发挥党和政府联系人民群众的桥梁纽带作用。第四条第二款指出，坚持走基层、转作风、改文风，练就过硬脚力、眼力、脑力、笔力，拜人民为师，向人民学习，深入了解社情民意，增进与群众的感情。《医疗机构从业人员行为规范》第十一条规定，乐于奉献，热心公益。积极参加上级安排的指令性医疗任务和社会公益性的扶贫、义诊、助残、支农、援外等活动，主动开展公众健康教育。

在社会主义社会，每个从业人员都是群众中的一员，既是为别人服务的主体，又是接受别人服务的对象。每个人都有权享受他人的职业服务，同时又承担着为他人提供职业服务的义务。因此，服务群众是对专业技术人员的基本要求。有了为人民服务的思想，才能廉洁自律、克己奉公，才能兢兢业业、忘我工作，才能不畏艰难、勇攀高峰。

二、服务群众、克己奉公的行为表现

专业技术人员无论做任何事情，首先都要想到群众，想他们所思、所想、所需，想他们的利益，实实在在地为群众服务。我们常说群众利益无小事，每个从业人员做每件事情都与群众有关，因此任何职业行为都要便民而不扰民。要真正为群众谋利益，绝不应损害群众的利益。在服务态度上，满腔热情、耐心周到、举止适度、礼貌待人；在服务质量上，诚信为本、追求卓越、精益求精；在服务技能上，高效、严谨、精专；在服务形象上，尊重每一个服务对象，不以利害、亲疏、权位待人，这是服务的核心。

专业技术人员通过认真履职服务群众。在工作中认真履职，在服务中全心全意、真情实意地投入，不仅能够“以善念存储心中，使身心互得其益”，而且能够提升人生品位、获得事业的成功。美国杰出演说家马克·桑布恩在《邮差弗雷德》中指出：“成功的关键是把一切做得尽善尽美。”只有在服务和奉献中，才能赢得人们的尊重，享受成功的愉悦，体验人生的幸福和快乐。服务奉献得越多，说明你越富有，得到的也越多，这里既有物质财富的回报，也有社会地位、尊严和人生价值的提升。黑格尔说，一个人劳动时，他既是为自己劳动也是为一切人劳动，而且一切人也都为他人劳动。这也是我们提倡的“我为人人、人人为我”的价值观。无论多么微不足道的工作，只要认真履职就能切实地服务群众、服务社会。在人与人的相互服务中整个社会经济得到发展，人们的思想道德素质得到提升。

专业技术人员通过廉洁自律服务群众。廉洁，最早出现在战国时期伟大的诗人屈原的《楚辞·招魂》中：“朕幼清以廉洁兮，身服义而未沫。”东汉著名学者王逸在《楚辞·章句》中注释说：“不受曰廉，不污曰洁。”也就是说，不接受他人馈赠的钱财礼物，不让自己清白的人品受到玷污，就是廉洁。自律是指按照一定的标准进行自我约束，控制自己的言行和思想的过程。加强廉洁自律就要发扬艰苦奋斗的优良传统，树立廉洁新风。“历览前贤国与家，成由勤俭败由奢”。专业技术人员应自觉抵制拜金主义、享乐主义和奢靡之风，厉行勤俭节约，反对铺张浪费；严格自律、自重、自省、自警，做到慎独、慎微、慎始、慎终；要常思贪欲之害、常弃非分之想、常怀律己之心、常修为公之德，在思想上筑牢拒腐防变的防线，养成良好的职业作风。

具体来说，专业技术人员需要做好以下几个方面：首先，强化角色意识。角色意识是每个人对自身属性的自我认知和自我调控。通过进一步增强角色意识，明确专业技术岗位的行为准则和具体要求，牢固树立“以法立德，以德立身”的观念。其次，合理调控个人需求。国家和社会支持专业技术人员在各自工作岗位上不断进取，通过合法劳动来满足个人合理需求。这将有助于培养其履职尽责的精神和廉洁自律的意识。同时，这可以通过反向动因（满足需要所要付出的代价）来有效遏制其不合理需求。再次，培养高层次需求。在满足低层次需求的基础上，专业技术人员还应注重培养自身高层次需求。实践证明，凡是有成就的人都具有以下行为特征：有进取心、事业心强、务实高效、勇于创新、重成就轻金钱。最后，加强自我教育。专业技术人员要加强自我认识、自我提高、自我监督和自我改正，以不断提高自身素质，通过自重、自省、自制，有效抵制不廉洁行为。

三、服务群众、克己奉公的具体要求

专业技术人员要做到服务群众，需要注意以下几个方面：第一，从群众利益出发，为群众着想。提高服务质量。要心中有群众，充分尊重群众，千方百计方便群众，提供热情、周到、耐心的服务，熟练掌握服务技能，接受群众的监督。第二，兢兢业业工作，全心全意付出。专业技术人员不论从事任何职业，其根本的价值追求不是为了个人、家庭，更不是为了名和利，而是有益于他人、社会和国家。第三，增强热情服务的意识。从身边小事做起，增强服务意识，学好知识，练好技能，提高服务的本领。

服务群众、克己奉公要求严格遵守服务规范。服务规范是一系列系统化和规范化的行为准则。服务规范的制定是为了提高各行各业服务质量，确保服务或产品达到适用性标准，维护用户合法权利。不同行业的服务规范和服务标准彰显了行业和职业的特色。遵守各行各业的服务规范是对社会、对职业负责的表现。在工作中遵守服务规范，是专业技术人员职业道德的基本要求，也是保证服务和工作质量的前提和基础。

遵守服务规范就要严格按照规定的程序操作。服务规范一般比较明确具体，可量化、可衡量。严格遵守服务规范，按照规定的程序操作是个简单的道理，但日常工作中不遵守服务规范现象屡见不鲜，如检验检疫人员未执行操作规程，擅自更改标准要求，从而影响检验质量；如不做白细胞分类，用生化检测盒颜色来直观定性判断数据结果，过分依赖仪器，不作尿液镜检，致使检查结果不准确等①。这些违反服务规范的现象，直接影响服务质量，无法保证服务群众、克己奉公。

细致系统的服务规范能保证专业技术人员提供标准化服务。细致系统的服务规范能保证专业技术人员准确无误地完成工作，避免和减少服务过程中的失误，如医务工作的“三查七对”制度。“三查七对”是临床和护理上的一项操作原则和程序，这一制度的实行，很大程度上减少了护理差错的发生，保证了护理质量。

知识链接

“三查七对”制度

20世纪50年代，由我国护理专家黎秀芳经过临床实践总结的“三查七对”制度在全国推广，并沿用至今。“三查”是指操作前查、操作时查和操作后查；“七对”是指查对床号、查对姓名、查对药名、查对剂量、查对时间、查对浓度和查对方法。

遵守服务规范就要将真实服务能力告知服务对象。在许多领域，我们提倡勇挑重担，敢于担当，但在很多专业技术领域，科学的严谨性、复杂性要

---

① 吕跃杰. 提高医学检验人员职业道德水平的探讨［J］. 中国医药指南，2012（05）.

求“仅在能力范围内才能进行服务”。如工程技术领域，建设工程涉及专业范围很广，每个专业又涉及不同的专项分工。工程项目的规模大小、复杂程度、技术难度的不同，需要不同专业、不同专项、不同等级的专业人员开展工作，这是保证专业服务质量的前提。专业技术人员不仅要明确自己专业的服务范围，还要了解相关专业、专项工作的要求，在自己所取得的技术等级范围内进行工作，明确告知服务对象真实服务能力，对超出能力范围外的事务切不可大包大揽。这是一种对自己、对职业、对社会负责任的态度。

服务群众、克己奉公要求不得违背本专业基本职业准则。基本职业准则是职业人在长期的职业活动中形成的比较稳定的职业习惯和心理品格，是各行业领域中那些基本的、特别重要的、贯穿于职业始终的道德原则和规范。它不同于一般的社会道德原则，也有别于一般的职业道德规范。它反映某一职业的基本特点，是对某职业道德规范的最根本要求。如教书育人是教师这一职业中所特有的职业准则。百问不厌、有问必答是公共行业窗口服务人员的职业准则，而对保密人员或秘书人员显然是不适用的。

职业准则是凝聚行业的重要力量。各行各业的专业技术人员只有共同遵守本专业的基本职业准则，才能构筑起职业共同的行为模式和伦理道德，形成共同的价值观，对职业行为起到引导和规范作用，才能凝聚行业的力量，完成社会赋予每个职业的使命。每一种职业都是职业责任、职业权力、职业利益和职业准则的统一体。从事某一种职业的人只有承担相应的职业责任，规范地使用职业赋予的权力，做出应有的贡献，社会才能稳定和发展，个体也才能从中获得职业利益。如果从事某一种职业的人都不遵守这个行业的基本职业准则，那么，就会损害这个行业的信誉，行业及从业人员都会面临被社会淘汰的危险。

只有那些历经了历史考验的职业准则才能传承下来。因而，在长期的职业活动中，一些基本的职业准则代代相传，成为职业人比较稳定的职业习惯和心理品格，发展成为具有一定稳定性和继承性的职业道德。对于一些古老的职业，其职业道德的一些主要乃至重要的规范都是继承的结果。如教师的有教无类、医生的救死扶伤、律师的公平正义等。传承千年的职业道德规范，有它强大的生命力，是保障职业延续和运行的重要力量，如果个体违反这些准则，那么，职业道德一定会发挥其强大的规范和调整作用，把违反职业道德的个体调整出职业领域。

职业准则是职业人安身立职的基础。任何一名专业技术人员的职业成长都是一条艰苦奋斗的道路：都需要经过漫长的教育历程，通过严格的执业资格考试，经历层层的职称晋级评审，需要很多人付出心血。在取得职业成就的过程中，需要时时遵守职业准则，不断地维护职业的尊严和荣誉。任何违反职业道德的行为都有可能导致过早地结束专业技术人员的“职业生命”。以注册监理工程师为例，注册后如有“违反执业道德规范、执业纪律等行规行约的”，原注册机关将撤销其注册，收回注册证书和执业印章，意味着其监理工程师职业生涯的终结。因而，遵守本专业基本职业准则，是专业技术人员安身立职的基础。

职业准则是职业人处理职业活动中矛盾和冲突所要依据的准则。专业技术人员在职业活动中面临矛盾和冲突时，靠什么原则来处理和解决各种问题？显然要依靠专业的基本职业准则。职业道德规定人们在履行职责中“应该怎样”“不应该怎样”，从道义上规定以什么样的思想、感情、态度、作风和行为去待人接物，完成本职工作；从思想上很好地调节从业人员“应该怎样”“不应该怎样”，从而内化为品行人格、行为习惯和精神境界。专业技术人员在坚守职业道德中成就职业与自己，职业道德也在职业活动实践中得到发展。

案例

服务群众的典范——脱贫攻坚战场上的专业技术人员①

在贵州省出台《贵州省支持事业单位专业技术人员助力脱贫攻坚三年行动计划（2018—2020）》相关政策以后，来自贵州省毕节市纳雍县农牧局、供

① “人才脱贫”强村富民——毕节市事业单位专业技术人员助力脱贫攻坚［EB/OL］. 当代先锋网.［2018-12-11］. http://www.ddcpc.cn.

销社、发改局、大坪箐湿地公园管理局的6名专业技术人员，发起创办了贵州奢香古箐生态农业开发有限公司，充分利用自身的专业技术帮助父老乡亲脱贫致富。

公司投建的玉龙坝育苗基地占地约500亩，解决了近300余人的就近就业。公司总经理田锦云是纳雍县农牧局的农艺师，他组织群众参观学习，手把手地传授种茶技术。公司股东徐富军是农牧局的农技人员，他培育樱桃新品种，为群众讲解樱桃种植技术，带动全县1.2万户3.5万人致富增收。

【案例评析】党的十八大以来，党中央从全面建成小康社会的全局出发，把扶贫开发工作摆在治国理政的突出位置，全面打响脱贫攻坚战。党的十九大之后，党中央把打好脱贫攻坚战作为全面建成小康社会的三大攻坚战之一。在脱贫攻坚的战场上，专业技术人员发挥自身的技术优势，服务群众，助力脱贫攻坚，取得了良好的经济效益和社会效益，成为典范。

第五节　奉献社会　敢于担当

奉献，是一种爱，是不计报酬的给予，是不期望等价回报，愿意为他人、社会或为真理、正义献出自己的力量，包括宝贵的生命。奉献者付出的是青春，是汗水，是热情，是无私的爱心，甚至是无价的生命。

一、奉献社会、敢于担当的含义

奉献社会是为人民服务和集体主义精神的最好体现。所谓奉献社会就是全心全意为社会做贡献。奉献社会的精神主要强调的是一种忘我的全身心投入精神。当一个人专注于某种事业时，他关注的是这一事业对于人类和社会的意义。他为此而兢兢业业，任劳任怨，不计较个人得失，甚至不惜献出自己的生命。这就是伟大的奉献社会的精神。一个人不论从事什么行业的工作，不论在什么岗位，都可以做到奉献社会。

每一个专业技术人员的成长，都历经多年的精心培养，占用了很多优质的社会资源，得到过许多师长的无私奉献和帮助，在拥有了专业知识后，理应更好地为人民服务，奉献社会。但现实社会中，有些专业技术人员做起事情来，更多是为了部门的利益、小团体的利益、个人的利益，认为这是理所当然。从社会发展的角度讲，人人贡献大于索取，这个社会就会发展；反之，人人只是索取，或者索取远远大于贡献，那么这个社会的发展进步将无从谈起。

二、奉献社会、敢于担当的行为表现

忠于国家是奉献社会的前提。忠于国家要求全心全意对待自己的国家，尽心尽力地服务于国家。我国《宪法》第五十四条规定，中华人民共和国公民有维护祖国的安全、荣誉和利益的义务。忠于国家首先必须热爱国家。爱国主义是社会历史发展的产物，在不同国度和不同时代被赋予了不同的行为要求，但其内涵始终不变，即爱国光荣、叛国可耻。热爱国家是中华民族的优良传统。“国家兴亡，匹夫有责”“先天下之忧而忧，后天下之乐而乐”等广为传颂的名句，无不饱含着古人对国家深深的热爱之情。一代伟人邓小平曾说：“我荣幸地以中华民族一员的资格，而成为世界公民。我是中国人民的儿子，我深情地爱着我的祖国和人民。”正如他所言，邓小平将自己的全部精力都奉献给了国家和人民，带领中国人民开创了一个崭新的伟大时代。

在和平建设时期，热爱国家、奉献社会具体表现为在本职工作中努力进取，不断创造优异的成绩，淡泊名利，为现代化建设贡献力量。“铁人精神”“两弹一星”精神、载人航天精神等都集中体现了爱国主义，是中华民族长期积淀的民族精神在当代的新体现，并焕发出新的时代特征。

案例

关键时刻，敢于担当——2019 年“共和国勋章”获得者孙家栋

航天发射非同寻常，关键时刻需要责任人一锤定音。1974 年 11 月 5 日 11

时，完成星箭对接的运载火箭矗立在发射台上，我国第一颗返回式遥感卫星完成了各项检测，发射在即。随着口令的下达，各系统的地面电缆、电信号插接件、气源连接器纷纷按程序依次从火箭上脱落……然而，这时的卫星却没有收到“成功转内电”的信号。发射指挥台倒计时表上的时间正在一秒钟、一秒钟地递减，离火箭点火的时间只剩下了几十秒钟！这一突发事件意味着如果火箭点火，将会带着一颗不能正常供电的卫星升空，而送入太空的将会是一个重达2吨的毫无用途的铁疙瘩。如果按照正常程序逐级上报，等待指挥员发布“停止发射程序”的命令已经根本来不及了。就在这千钧一发的时刻，只听见卫星技术总负责人孙家栋一声大喊：“停止发射！”发射程序戛然而止，可孙家栋却由于神经高度紧张而昏厥了过去。虽然发布“停止发射程序”的命令不是分内的事，但是孙家栋感到职责所在，紧急关头自己必须敢于承担风险。

1984年4月8日，中国第一颗试验通信卫星发射成功并进入静止轨道。但在卫星向定点位置漂移过程中，星上蓄电池发生了预想不到的热失控现象，刚发射成功的卫星危在旦夕。孙家栋与技术人员经过几个昼夜的模拟试验发现，当太阳照射角为90度时，卫星能源系统可以将温度控制在设计指标范围内。于是，孙家栋果断命令将卫星姿态角再调整5度。按照正常情况，下达指令需要按程序审批签字完毕才能执行。但情况紧急，各种审批手续已经来不及了。此时，操作指挥员也感到压力巨大，尽管孙家栋的指令已经被录了音，但毕竟未经指挥部会商签字。为慎重起见，操作指挥员临时拿出一张白纸在上面写下“孙家栋要求再调5度”的字据要他签名，孙家栋毅然拿起笔签下了自己的名字。执行了地面发去的指令后，卫星化险为夷。这颗卫星的成功，标志着中国成为世界上第5个发射地球静止轨道通信卫星的国家。

【案例评析】无私才能无畏，无欲则刚。孙家栋等老一辈科学家是专业技术人员的榜样。他们的职业精神是国家利益、人民利益高于一切，在此面前，一切的个人欲望都不存在了，这是他们之所以伟大的原因。相比之下，一些精致的利己主义者即使获得了“光环”和“地位”，他们也是非常渺小的。

三、奉献社会、敢于担当的具体要求

奉献社会、敢于担当要求专业技术人员要忠于国家。一是要坚守政治底线。专业技术人员分布广泛、数量众多，其言行对公众具有很强的示范性。因此，忠于国家不能仅仅停留在专业技术人员的心目中和脑海里，要融入其日常生活的一言一行中。专业技术人员要自觉加强拒腐抗变意识，做到坚守政治底线、维护国家利益。二是要坚守思想底线。随着经济全球化的加速和网络技术的发展，各种思潮的交锋和融合日益频繁，不同观点可以自由发表并广泛传播于媒体。在促进文化传播和思想交流的同时，也使得一些分辨力不强、抵抗力较弱的人迷失了方向，其中也包括某些专业技术人员。所以，广大专业技术人员应该坚持马克思列宁主义、毛泽东思想和中国特色社会主义理论体系的指引，在思想上筑牢底线。三是要坚守宗旨意识。忠于国家就要坚守和强化宗旨意识，为人民服务，履行对人民的忠诚。大力弘扬密切联系群众的作风、求真务实的作风、理论联系实际的作风、艰苦奋斗的作风。

奉献社会、敢于担当要求专业技术人员要树立奉献精神，增强无私奉献的意识。专业技术人员不论从事任何职业，其目的不仅是为了个人、家庭，更是为了有益于他人，有益于社会和国家，奉献自己，造福于人。牢记“奉献不吃亏”，全心全意奉献，从身边小事做起，体会真正的快乐。

奉献社会、敢于担当要求专业技术人员要以身作则，遵守社会公德。带头做遵守社会公德、讲究文明礼貌的模范。社会公德是在人类长期社会实践中逐渐形成的，要求每个社会公民在履行社会义务或从事涉及社会公众利益的活动中应当遵循的道德准则，专业技术人员要率先垂范。

奉献社会、敢于担当要求专业技术人员要具备职业情感，热心公益活动。专业技术人员乐于奉献，热心公益，奉献社会，会因社会的赞扬和肯定感受到职业荣誉，产生个人职业尊严和自豪感。例如，律师应当积极参加社会公益活动，提供义务法律咨询、义务辩护等服务；注册会计师运用专业知识履行相应的社会责任，维护社会公众利益；高校教师可以通过讲学、调研、建言等方式服务社会，勇担社会责任，也可以传播优秀文化，普及科学知识，还可以热心公益，服务大众，自觉承担社会义务，积极提供专业服务。

奉献社会、敢于担当要求专业技术人员要涵养人文精神，体现社会“良心”。人文精神是一种普遍的人类自我关怀，表现为对人的尊严、价值、命运的维护、追求和关切，对人类遗留下来的各种精神文化现象的高度珍视，对全面发展的理想人格的肯定和塑造。人文精神的基本含义就是：尊重人的价值，尊重精神的价值。社会良心是人们自觉自愿关注他人和社会，并引领整个社会向着真善美方向发展的自觉意识。专业技术人员追求和关切体现尊严、价值、命运的人文精神，领会人文精神的内涵，理解自己所从事职业的意义和社会价值，才能在工作中更好地体现人文关怀。

本章思考题

1. 新时代专业技术人员的担当应当如何体现？
2. 论述专业技术人员不断提升专业技能的道德意义。
3. 试述本章案例中孙家栋事迹对你的启发。

第三章
专业技术人员职业道德的养成

本章学习目标

职业道德的养成是道德理念内化于心、道德实践外化于行、道德规范固化于制的过程。通过本章学习，专业技术人员掌握良好职业道德养成的基本途径和主要方法，即专业技术人员要关注思想和行为的提升，促进自律和他律的结合，加强自我修炼与教育培训，使得职业道德认知根植于心；要注重遵纪守法与对标看齐，使得职业道德行为规范有度；要构建职业道德制度体系并与时俱进地不断完善，使得职业道德环境持续优化。

职业道德的养成是教育和实践相结合的过程。职业道德教育更多是通过自我教育将职业道德理念内化于心，以具备职业道德意识，培养职业道德情感，坚定职业道德意志，形成职业道德认知。专业技术人员只有具备了理念修为，才能表现出职业道德行为，实现德心与德行的结合，进而养成职业道德习惯。

专业技术人员职业道德既有普适性、基础性的部分，也有专业性、特殊性的部分；既有稳定性、规律性的内容，也有变化性、时代性的内容。因此，专业技术人员职业道德的养成，既要关注共性，也要体现个性；既要有理性制度，也要有感性方式；既要有长期目标，也要有日常训练；既要有多元化、跨层次的路径，也要有简便易行、针对性强的工具；既需要专业技术人员个体的自我修炼，也需要相关制度的建立健全和社会环境的优化完善。

第一节　理念修为——内化于心

良好的职业道德素养包括正确的职业道德认知、高尚的职业道德情感、坚定的职业道德意志和信念，以及良好的职业道德行为。道德认知是对道德关系和道德规范的认识，是道德观念的形成；道德情感是个人道德意识的构成因素，是人们依据一定的道德标准对现实的道德关系和自己或他人道德行为所产生的爱憎好恶等心理体验；道德意志是指人们对道德目的的执着追求以及意志力；道德行为是人的品德行为能力的外在具体表现。职业道德的养成包括职业道德认知的学习、职业道德情感的熏陶、职业道德意志与信念的培养以及职业道德行为的践行。专业技术人员要表现出良好的职业道德行为，就要将职业道德理念内化于心。

一、养成正确的职业道德认知

（一）职业道德认知的内涵

道德认知是对现实道德关系和道德规范的认识，包括道德印象的获得、道德概念的形成和道德思维能力的发展等。职业道德认知是专业技术人员在从事职业活动的过程中，对于如何正确处理人与人、人与事之间关系的反映，也是专业技术人员对于如何遵从社会化规范的认识和觉悟。

1. 职业道德观念

职业道德观念是人们对职业道德现象本质特征的反映，是对具体职业道德现象的抽象概括，即对职业道德知识、职业道德规范和职业道德原则的认识。人们形成职业道德观念要学习职业道德知识，深刻理解职业道德的重要性；领会职业道德的行为准则，深刻理解职业道德规范的普遍性和特殊性。专业技术人员要通过丰富的实践，加强自身的职业道德素养，深刻理解该职业群体应有的职业道德观念。

职业道德作为人类道德的组成部分，是伴随着社会分工登上历史舞台的。新的社会行为以及与此相联系的新的特定利益群体的出现，需要与之相适应的行为规范。职业及职业道德观念是与一定社会历史条件下的经济发展水平密切相关的。因此，专业技术人员的职业道德观念也要随着社会和时代的发展而转变。

2. 职业道德判断力

职业道德认知还包括人们的道德判断力或者道德思维能力。道德判断力是运用一定的道德标准对事件或行为进行对与错、正当与不当判断的能力。人们对于道德观念误区的认识，就是基于道德判断力和思维力做出的判断。

道德判断力的形成对于道德认知的发展具有非常重要的作用，尤其是在市场经济迅速发展和价值多元化的今天，一方面西方文化广泛影响和传入，另一方面传统文化也越来越受到重视。在这样的背景下，做出正确的道德判断对于一个人的道德养成是至关重要的。因此，如何通过提升职业道德判断力来提高专业技术人员的职业道德认知，是职业道德建设的重要内容。

（二）职业道德认知的发展

道德教育的目的是促进道德认知的发展，即道德判断和思维能力的发展。专业技术人员的职业道德建设是以一定的道德认知为前提的。

专业技术人员对于职业道德的理解和体悟，会经历一个由低到高、由浅入深、由具体到抽象的过程。由于个人原因，一个35岁的人其道德判断水平处在某一阶段，如果没有提升的话，就会一直停留于这个阶段，而一个16岁的孩子道德认知水平可能比前者的还要高。专业技术人员在面对职业活动中道德选择的两难境地时，有必要严格遵守职业行为准则和规范，牺牲、约束、节制个人利益的需求，以维护社会公共利益和集体利益，这才是正确的道德选择。

（三）职业道德认知的重要性

职业道德认知对于职业道德养成具有非常重要的意义，在一定程度上，道德认知的形成是道德养成的基础。认知是情感产生的基础。只有具备正确而深刻的道德认知和觉悟，才能产生强烈的道德情感，形成坚定的道德意志，进而外化为良好的道德行为。专业技术人员的职业道德认知在某种意义上指导着他们的职业行为。因此，良好职业道德的养成依赖于良好的职业道德认知。

（四）形成正确的职业认知

道德认知的形成受个体知识结构、认识水平等自身因素的制约，也受到学校、社会、家庭等外部环境的影响。因此，专业技术人员要形成正确的职业道德认知，需要不断提升自己的道德认知结构和认识水平，尤其要树立正确的道德观念，把道德观念内化于心。同时，良好的职业认知的形成也离不开外部社会环境的影响。

1. 领悟良好职业道德，促使观念内化于心

道德是一种内在的律令，直接连通着个人的心灵，需要个人的领悟和自

律。从整体来看，专业技术人员良好的职业道德观念可以表述为“良、信、专、韧、正、进”六个方面。

“良”就是职业良心。专业技术人员在履行职责时要有良善、恻隐之心，服务群众、奉献社会；在从事职业行为时有职业良知，有职业禁忌；在岗位工作中坚守底线，不见利忘义。

“信”就是诚实守信。专业技术人员在履行职责时要忠诚敬业、担当尽责、勤勤恳恳、扎扎实实；在从事职业行为时忠于职守、兢兢业业、表里如一、尽职尽责；在提供专业服务时实事求是、信守诺言、恪守信誉、值得信赖。

“专”就是专业精神。专业技术人员要具备履行职责的专业技术水平，掌握所应具备的知识和技能；在从事职业行为的过程中钻研业务、涵养本领、专心致志，不断提高专业技术能力；在工作中有强烈的角色意识，知其然还要知其所以然，答疑解惑。

“韧”就是坚持不懈。专业技术人员在履行职责时要有韧性、有毅力，坚定执着；在从事职业行为时贯彻始终、攻坚克难、孜孜以求；在工作中磨砺意志、矢志不渝、坚韧不拔。

“正”就是正直坦荡。专业技术人员在履行职责时要坚持信念、坚守正道、维护正义；在从事职业行为时规矩正派、公平公正、办事公道；在工作中树正气、有骨气、无愧于心。

“进”就是积极进取。专业技术人员在履行职责时要有工作热情，积极向上，用正能量促进社会进步；在开展职业活动时主动行动、乐观进取；在工作中自强不息、不断进步。

2. 加强自我学习，提升道德判断力

当今社会是一个快速发展、不断变化的多元社会，人们面临着各种新思想的冲击，要学会在错综复杂的环境中正确看待人与事，树立正确的价值观和思维方式。专业技术人员职业道德判断力的提升是经济社会发展的必然要求。专业技术人员可以通过个人自学和团体培训两种方式来不断提升自身的道德判断力。

专业技术人员可以通过书籍、网络、影视节目等开阔视野，不断获取关于职业道德的新知识，提升道德理论素养，提升道德判断力。专业技术人员可以随时随地培养自己的道德情感，充分发挥正面的引导作用，促使“利他”的职业道德观念去战胜“自私”的观念，认真检查自己的言论和行动，改正一切不符合社会主义职业道德要求的方面，不断提高自己的职业道德水平。

3. 自觉进行内省，提升职业道德修养

古人云：“吾日三省吾身。”“省”就是内省，就是内心省察检讨，去除私心杂念，使自己的言行符合道德标准的要求，树立正确的道德观念。“省”也是对照榜样，反思自身，“见贤思齐焉，见不贤而内自省也”。一个人只有在内心严于解剖自己并反省自己，才能成为一个符合时代精神的有高尚职业道德的人。要自觉地进行内省，也即“慎独”，就是指在无人监督的情况下独立工作，仍然能谨慎地遵守道德原则。慎独是我国伦理思想史上一个特有的范畴，既是一种道德修养方法，又是在修养中达到的一种崇高境界。

4. 发挥“外促”作用，加深职业道德认识

外因是事物发展的条件。因此，充分发挥外部的督促作用，对于提高专业技术人员的职业道德观念和道德判断力也是非常必要的。如参与职业道德评价、创设良好的职业道德环境、提供更多的团体培训等，都是提升职业道德认知水平的良好途径。

职业道德评价是以“效果”激发“动机”。职业道德评价往往会形成褒扬或谴责，对职业道德行为产生直接影响。专业技术人员参与职业道德评价，从旁观者成为参与者，作为监督者、检查者和评价者发挥作用，对职业道德观念的理解会更加深刻，从而对职业道德的奖惩结果更加敏感，更加有意识地、积极主动地树立正确的职业道德观念。专业技术人员提升职业道德评价能力，可以促使他们学会用已有的道德观念去分析判断职业行为，进而促进职业道德观念的形成。

二、培养高尚的职业道德情感

（一）职业道德情感的内涵

1. 道德情感与职业道德情感

道德情感是个人道德意识的构成因素，是情感的一种高级形式；是依据一定的道德标准，对现实的道德关系和自己或他人的道德行为等所产生的爱憎好恶等心理体验；是人们根据自己所掌握的道德规范对社会现象的真假、美丑、善恶表现出的喜怒、哀乐、爱憎、好恶的情绪情感体验。道德情感会积极地影响人的道德选择，某种道德情感一旦扩展为社会性的情感，就会不同程度地影响社会道德风尚。

所谓职业道德情感，是指人们在处理自己和职业关系及评价职业行为过程中形成的荣辱好恶等情绪和态度。它主要包括对所从事职业的荣誉感、责任感，对服务对象的亲切感，对本职工作的热爱情感、敬业乐业情感等。职业道德情感一经形成，就会成为一种稳定而强大的力量，影响人们职业道德行为的形成和发展。

2. 职业道德情感的形式

职业道德情感按其形式划分，可分为直觉的道德感、形象性的道德感和伦理性的道德感。直觉的道德感是由具体情境而引起的，以迅速产生为特点，对道德行为具有迅速定向的作用。直觉的道德感可能是条件反射，也可能是主观观点。形象性的道德感与具体的道德形象相联系，是通过形象思维发生作用的一种道德情感。伦理性的道德感是在道德理论基础上产生的自觉的、概括性的情感，它具有稳定性、深刻性和持久性等特点，是最高形式的道德情感。对工作的高度责任感，就是在此基础上形成的情感。

（二）职业道德情感的内容

职业道德情感按内容划分，可分为公正感、责任感、义务感、自尊感、羞耻感、友谊感、荣誉感、集体主义情感、爱国主义情感等不同的类型。

1. 公正与公正感

公正，即公平和正义，是社会主义核心价值观的重要组成部分。它以人的解放、人的自由平等权利的获得为前提，是国家和社会的根本价值理念。公平正义是人类追求美好生活的永恒主题，也是社会发展进步的价值取向。党的十八大报告指出：必须坚持维护社会公平正义，公平正义是中国特色社会主义的内在要求。公正感即人们对于所处现实社会的人和事物之间关系的一种公平感受和体验。作为道德情感的公正感对于一个人的道德行为有着激发和引导的作用，对一个社会的发展也起着极大的促进作用。公正感不仅关系到人与人之间的道德情感，而且是衡量社会发展平衡与否的重要标志。以公正的伦理观为内核的公平原则是社会作为一个系统得以有序、平衡存在与发展所要遵循的价值尺度。专业技术人员应该意识到，公平感或者公正感是调和人与人之间关系的最重要的一个原则和尺度。在职业活动中，应当更加注重公平感的培养和表达，如一名教师在课堂中尽量公平地对待自己的每一个学生，一位会计从业者应该本着客观的原则来从事资产的审核等工作，而一位律师应该成为社会公正的坚定捍卫者。

2. 责任与责任感

责任是一个人分内应做的事情，也就是承担应当承担的任务，完成应当完成的使命，做好应当做好的工作。虽然责任是我们不得不完成的事情，但是，从某种意义上来说，我们对工作的尽责是一种推动力。责任感是道德情感的一种具体表现形式。责任感的实现不仅对于道德行为有促进和推动作用，而且也是快乐的来源之一。一个人真正地成为社会一分子的时候，责任作为一份成年的礼物已不知不觉地落在肩上，也最终能够让人体会到存在的意义和价值。责任感是一个人对自己、自然界和人类社会，包括对国家、社会、集体、家庭和他人，主动施以积极有益作用的精神，它是人们对于责任的一种主观的感受或者体验，也是一种道德情感。责任感与一般的心理情感所不同的是，它属于社会道德心理的范畴，是思想道德素质的重要内容。人人各司其职，各安其业，就是责任感的具体表现。一个人只有具备了责任感，才能够驱使自己去完成应该完成的事情，实现自我的价值和意义，也包括个人的快乐。无论从事何种职业，专业技术人员都应该具备责任感。因为责任感不仅是完成工作的保障，而且是自我价值实现的必然选择。责任感能够帮助我们出色地完成工作，甚至是创造奇迹。但凡做出杰出贡献的人物，都是具备高度责任感的人。

3. 羞耻感

羞耻心具有约束、制止不良言行和防御尊严受到侵犯的作用，是防止堕落的一道有效屏障。在中国传统伦理中，知耻是基于一定的是非观、善恶观、荣辱观而产生的自觉性，是人们珍惜、维护自身尊严的情感，也是人的德性的基本要求和前提。中国自古以来就有“礼义廉耻”的传统美德，“知耻者近乎勇”是人们熟知的一句格言，意思是说，一个人自己能够知道羞耻是需要勇气的。中国先哲重视羞耻心，孟子认为“人不可以无耻”，荀子也说过：“不知羞耻，乃不能成人。”人有了羞耻心，就会有自爱、自重、自律、自强的感悟和要求，就会通过自我调节规范自己的行为，就会对自己的错误行为进行自我谴责。尽管不同时代有不同的评价标准和选择标准，但知耻作为一种道德情感，在任何时代都是需要的。羞耻感对于专业技术人员而言，是对自己不符合道德规范的职业行为产生的羞愧和自责的心理。羞耻感是促人奋发和自我完善的原动力，让专业技术人员在职业活动中对自己不遵守职业道德规范的行为进行自我质疑、自我改正。羞耻感的培养，对于职业道德行为的判断和约束起着重要的作用。

职业道德情感是伴随着从业人员的职业道德认知而产生和发展的，而且每一种道德情感都是重要的。以义务感为例，如果一个社会成员意识到自己对于某一个群体的发展有一种责任和义务，那么在进行道德选择的时候，就会更加积极地考虑到集体的利益和集体成员的共同发展。

（三）职业道德情感的作用

道德情感是一种高级的情感形式，它对于道德认知具有激发和引导作用，对于道德意志和信念有激发和推进作用，对于道德行为有导向和调控作用。职业道德情感对于从业人员的职业道德认知、职业道德意志和信念以及职业道德行为都有不同程度的影响。

职业道德情感的作用主要表现为以下几个方面：

第一，激发和引导道德认识。一是道德情感对道德认识有激发作用。它促使一个人积极地接受某种道德教育，努力掌握有关道德知识，并推动道德知识转化为道德信念，甚至是构成道德信念必不可少的因素。二是道德情感对道德认识有引导作用。个体接受某种道德概念或准则之前总带有某种倾向性，这种倾向性促使个体乐于接受某种道德概念或准则，而拒绝另一些道德概念或准则；或者乐于接受某人的教育，而不愿接受另一人的教育。

第二，调控和评价道德行为。道德情感对道德行为的调节和控制作用，是通过情感的信号功能和感染功能实现的。一个人可以通过他人的情绪、情感表现，了解他人的愿望和需求，并据此做出相应的情绪和情感反应，进而推动自己采取相应的道德行动。道德情感对道德行为的评价作用，是能以某种情绪状态，表明某种道德关系和道德行为是否具有正当性和合宜性。

第三，信号作用。个人对某种义务和行为形成道德情感，就会积极地影响其道德选择。某种道德情感一旦扩展为社会性的情感，就会不同程度地影响社会道德风尚。道德认知不一定能导致道德行为，其中介是以道德情感为核心的意向系统。一种道德行为的发生，除了取决于道德认知外，还取决于个体对道德认知在情感上的共鸣。一个人如果仅有道德认知能力，而无情感上的需要，那么他和外部所建立的道德关系只能是一种反映和被反映的被动关系，很难产生强烈的道德动机，形成正确的道德态度，主动地进行道德活动。因此，道德情感对于道德行为的发生也具有信号作用。

综上所述，高尚的职业道德情感可以很好地激发、引导职业道德认识，调控和评价职业道德行为，在职业道德认知和职业道德行为之间起到信号作用。高尚的道德情感能够促进从业人员对善的职业行为倾心向往、努力效仿，因此，在日常生活和工作学习中，专业技术人员要努力培养高尚的道德情感，不断促进自我提升。

（四）培养高尚的职业道德情感

道德情感是可以培养的，培养的方式又是多种多样的。职业道德情感的培养一方面依赖于社会、集体和他人的外在培育以及熏陶，另一方面又需要从业人员的内在自觉，而后者起着决定性的作用。职业道德情感可以通过以下几方面来培养。

第一，以理育情。情感是在认识的基础上产生的，道德情感则是在道德认识的基础上产生的，并随着道德认识的发展而发展。一般说来，只有对某种道德规范认识深刻，对某类道德概念掌握牢固，才有可能在此基础上产生丰富的心向往之的道德情感，这正所谓“知之深，爱之切”。许多道德情感的产生往往是以一定的道德理论为基础的。反之，如果缺乏对某些道德现象、道德原理的深刻认识和领会，也就不可能产生深厚丰富的情感。如一个对祖国的过去、现状了解甚微甚至缺乏常识的人，就不可能产生深厚的爱国主义情感。丰富知识、提高道德认识水平是促使道德情感不断升华的一条重要途径。

第二，以情育情。情感的一个重要特点就是感染性。一个人的情感可以感染其他人，使其具有同样的情感，并产生感情上的共鸣。例如，各个时代都会涌现出体现时代精神的道德模范人物。在当下，“感动中国”的榜样层出不穷，他们是时代的骄傲、社会的财富、民族的脊梁。在他们身上，我们能发现一份感动，找到一种正能量，获得一种积极向上的动力。这源于他们身上散发着的人格魅力和人性光芒。道德榜样之所以能够感染人，主要原因不在于他们的智慧、能力、知识、思维、形象、身份等，而在于他们的道德情感。通过学习道德榜样的先进事迹，可以促进广大专业技术人员培养健康、积极的道德情感，提高道德修养。

第三，以境育情。情感具有感染性和情境性。情感总是在一定情境中产生，道德情感也是在一定的道德情境中产生的。创设良好的道德情境是培养积极健康道德情感的有效途径。这种以境育情的方式主要是陶冶式的。陶冶道德情感是加强道德教育和道德修养的重要环节。它包括两方面的任务：一方面是形成和增强与所获得的道德认识相一致的道德情感；另一方面是改变与应有的道德认识相抵触的道德情感。

第四，以行育情。道德行为及行为效果对道德情感具有检验、调节作用。形成和增强健康的、正当的道德情感，不但要诉诸个人理智，诉诸个人对理想人格的追求，而且需要个人在社会生活中进行道德实践。专业技术人员要在各自的工作岗位上认真践行自己的职业道德认知和情感，用良好的职业道德行为来培养和巩固职业道德情感。

三、树立坚定的职业道德信念和意志

（一）职业道德信念的内涵

信念是按照自己所确信的观点、原则和理论去行动的个性倾向，内在表现为世界观、人生观、价值观等方面的信仰，外在表现为坚定不移的志向。信念通常跟情感和意志融合在一起，表现为人的生活立场，支配着人的行动。信念是意志行为的基础，没有信念就不会有意志，更不会有积极主动的行为。人们内心对某种道德理想、道德原则和规范的确信，是构成道德品质的主要因素之一。它一旦形成，就具有相对的稳定性和持久性。

职业道德信念是指人们对所从事职业应具备的道德观念、道德准则和道德理想发自内心的真诚信仰。它是深刻的职业道德认识、炽热的职业道德情感和坚定的职业道德意志的有机统一。从业人员一旦牢固地确定了职业道德信念，就能自觉坚定不移地履行自己的职业义务，并能据此鉴别自己或他人的行为。培养和确立终生不渝的职业道德信念，是每个从业者职业道德修养的中心环节。汉朝著名史学家司马迁因“李陵事件”下狱，受了宫刑。可是他没有消沉，忍辱含垢、披肝沥胆专心著述十几年，终于写成了 52 万余字的鸿篇巨著《史记》，这就是信念的力量。虽然时代不同，职业道德规范的内容会发生变化，但是对于坚定的职业道德信念的向往和追求是不会变化的。

（二）职业道德意志的内涵

意志是指人决定达到某种目的而产生的心理状态，往往由语言和行动表现出来。职业道德意志是人们在履行职业义务的过程中所表现出来的，自觉地克服一切困难和障碍、做出抉择的力量和坚持的精神。

意志坚定的人，对自己行动的动机和目的有清醒而深刻的认识，在困难面前不会退缩和逃避，会迎难而上、勇往直前；在碰到挫折和失败时可以调节自己的消极情绪，控制自己的言行，不灰心、不气馁、不焦躁；面对胜利和成功不骄傲、不自满。而坚定的意志是人们在进行有目的活动中克服干扰、战胜挫折、实现人生目标的重要保障。在工作中面临困难和挑战时，专业技术人员只有坚定意志，树立起克服困难和迎接挑战的决心和勇气，才能出色地完成工作。

在专业技术人员的职业道德养成过程中，坚定的意志是必不可少的因素，也是道德品质形成的关键。具备坚定的意志，在面对困难的时候才不会退缩，在面对诱惑的时候才能不动摇，在面对纷乱局面的时候才能够保持清醒的道德判断。

（三）职业道德信念和意志的重要性

职业道德信念既是对道德规范的深刻理解和牢固掌握，又能激发道德情感，增强道德意志，促进道德行为的发生。职业道德信念一旦确立，就会给专业技术人员的心理活动带来深远影响。具有坚定职业道德信念的人，能够在职业活动中坚持其职业道德观念，践行职业道德行为规范。

职业道德意志能促使人们将自己的道德意识、道德情感、道德信念外化为道德行为，帮助人们自觉地调节自己的言行和情感，克服来自内部或外部的各种困难，坚持自身认定的行为方式，形成行为习惯。当人们坚持某种道德的正义性并决心践行它的时候，就会在内心里产生一种坚定的信念和意志力，从而严格要求自己，果断地做出行为抉择，并努力保持自己行为的稳定性和一贯性。因此，在道德修养中自觉地磨练自己的道德意志，是培养和造就个人道德品质的关键之一。

（四）形成坚定的职业道德信念和意志

1. 形成正确的职业道德信念

首先，要深化对职业道德的认识，把握良好的职业道德观念，深刻领会“良、信、专、韧、正、进”的具体内容。其次，在实践中获得职业道德行为经验。只有职业道德观念在道德实践中得到正面的验证，职业道德规范有了可实施的条件时，职业道德观念才能从理念转变为行动。如果仅有书本知识，不去付诸实践，理论脱离实际，不在实践中主动了解和领会职业道德的基本内涵，就很难体会到职业道德的精髓，很难获得积极的道德体验，自然也难以形成真正的职业道德信念。

2. 树立坚定的职业道德意志

首先，要有正确的职业道德信念。因为，职业道德信念是职业道德意志的基础。其次，在形成正确的职业道德信念的基础上，要形成正确的职业道德认知，多参与促进职业道德认知的培训活动，如听讲座、参加研讨会、学习道德模范的先进事迹等。再次，要进行职业道德情感上的熏陶，在境和情中提升专业技术人员职业道德情感的敏感性，为职业道德意志的形成做准备。最后，要投入到职业道德行为中去，在实践中感受并不断增强道职业德意志的力量，以促进职业道德水平的提高。

第二节　行为实践——外化于行

“知是行之始，行是知之成”，专业技术人员在具备充分的职业道德认知的情况下，践行职业道德规范，使自己的行为合乎职业道德，是职业道德养成的目的。职业道德建设是教育和实践相结合的过程。专业技术人员不仅要注重内心的修炼，更关键的是要将内心的修养外化于行，坚定信念，用自己的言行举止践行职业道德，遵守法律法规、道德规范和行为准则，持之以恒，自觉抵制社会上存在的各种不良诱惑。

一、职业道德行为的基本要求

社会规范是维护社会秩序、调整人们社会关系的行为准则，其主要内容包括法律规范、道德规范和行为规范。这三种规范互相配合、有机结合，形成一个社会规范体系。社会规范是社会控制的重要手段，可调整社会行为，维护社会秩序，将人们的社会活动纳入一定的轨道。社会规范的建设是社会主义精神文明建设的重要内容，也是形成文明健康生活方式的重要保证。

职业道德规范是人们在职业活动中应当遵守的行为准则，是具有自身职业特征的道德要求，也是评价职业活动和职业行为善恶的具体标准。职业道德规范包括两种，一种是职业道德基本行为规范，另一种是职业道德特殊行为规范，即具有从业人员自身职业特点的职业道德规范。专业技术人员不但要遵守职业道德基本行为规范，还应遵守所在行业的职业道德行为规范。这就意味着各种职业道德规范中对职业行为要有特定的相关要求。

（一）遵守法律法规

法律法规是专业技术人员职业道德的底线。法律是成文的道德，法律是由国家制定或认可的行为规则体系。法律规范的内容主要是权利与义务关系，强调两者的平衡。遵守法律法规是维护社会公共秩序的重要条件，是保护个人权利不受侵犯的基础。法律法规以条文的形式明确告知人们，什么是可以做的，什么是不可以做的，哪些行为是合法的，哪些行为是非法的，违法者将要受到怎样的制裁等。因此，公民在需要解决纠纷和争议的时候，可以寻求法律途径，运用法律武器，维护自己的合法权益。

守法是公民道德的基本要求。道德是内心的法律，每个社会成员只有依照法律、法规及纪律的有关规定行事，不妨碍他人的正常活动，不给社会和他人造成损失和伤害，才能保障自己的正常活动，保持社会生活的相对稳定，保证社会的健康发展。

守法是职业规范的基本要求。专业技术人员所在领域的职业规范提出了守法的要求，例如：《高等学校教师职业道德规范》第一条规定教师要“爱国守法”，遵守宪法和法律法规，依法履行教师职责；《律师职业道德和执业纪律规范》第四条规定，律师应当忠于宪法和法律，严格依法执业；《中国新闻工作者职业道德准则》第六条提出，新闻工作者要遵纪守法，增强法治观念，遵守宪法和法律法规。

专业技术人员要做到遵守法律法规，必须学法、知法、守法和用法。一是学法。专业技术人员要认真学习法律的基本知识，不仅包括国家基本的法律法规，同时应该结合自身工作，学习本行业的各项法律法规，增强自身的法律意识。二是知法。专业技术人员要主动了解与自身工作相关的法律知识，了解常用法律的基本内容，懂得法律基本理论，认同我国社会主义法律体系，具有较强的法治意识，培养法律信仰。三是守法。守法是学法、知法的最终目的。专业技术人员要严格遵守法律规定，做到不违法。守法要求专业技术人员树立社会主义民主法治、自由平等、公平正义的观念，养成自觉遵守法律、严格依法办事的习惯。四是用法。专业技术人员要能把法律运用到工作实践中，依法履职的同时能够运用法律武器维护自己的合法权益。

（二）遵守道德规范

道德规范作为法律法规的补充，相对于法律法规的硬性约束，约束力不强，更多地是调节和引导作用。“失德未必违法”，社会常常出现“道德失范”“德不配位”或“德薄而位尊”的现象。道德观念模糊甚至缺失的问题在专业技术领域也时有出现，因“师德”“医德”或“艺德”有损，导致整个行业声誉受损，往往成为全社会热议的焦点话题。新时代迫切要求进一步有效发挥道德规范的作用，加强约束和引导，营造崇德向善的氛围，对失德败德、突破道德底线的行为进行有力惩治。

公民道德建设成为一项基础性、战略性工程。在《公民道德建设实施纲要》颁布 18 年后，中共中央、国务院于 2019 年 10 月印发了《新时代公民道德建设实施纲要》，全面推进社会公德、职业道德、家庭美德、个人品德建设，坚持提升道德认知与推动道德实践相结合，推动践行以爱岗敬业、诚实守信、办事公道、热情服务、奉献社会为主要内容的职业道德。职业道德是公民道德的重要组成部分。专业技术人员必须遵守公民道德规范，明德修身、立德树人，坚定理想信念，认同和践行社会主义核心价值观；强化道德自律，提高道德水准，加强诚信建设，在工作中做一个优秀社会主义建设者；自觉履行社会责任，在道德建设中作出表率。

（三）遵守行为准则

专业技术人员要遵循行业的行为准则。换言之，就是要在行业领域“守规矩”，个人行为要服从职业群体所明确要求的约束条件，要在“规”与“矩”所划定的范围内开展职业活动。

行为准则有“应该”和“不能”这两种类型。各种职业规范提出了行为规则的具体要求。例如，《中国注册会计师职业道德规范指导意见》规定，注册会计师执行审计、审核和审阅等鉴证业务，应当恪守独立、客观、公正的原则；应当履行对客户的责任，对执业过程中获知的客户信息保密；应当与同行保持良好的工作关系，配合同行的工作。《中小学教师违反职业道德行为处理办法》规定下列情形将受到相应的处罚：教师对学生实施性骚扰或者与学生发生不正当关系的；索要或者违反规定收受家长、学生财物的；组织或者参与针对学生的经营性活动，或者强制学生订购教辅资料、报刊等谋取利益的；组织、要求学生参加校内外有偿补课，或者组织、参与校外培训机构对学生有偿补课的。

专业技术人员要做到遵守行为准则。一是做好“应该”的本职工作。敬业奉献，按时保质完成工作任务；加强学习，提高业务能力和综合素质。二是不碰“不能”的禁止条款。遵守规则和秩序，在职业态度和职业作风中体现职业良心，从自身做起改善职场风气，表现良好职业素养和职业行为。

二、培养良好的职业道德行为

良好的职业道德行为是职业道德养成的落脚点，也是职业道德知、情、意、行融合到一起的载体。专业技术人员职业道德建设的过程，是教育和实践相结合的过程。

（一）自觉进行自我教育，做职业道德的“倡导者”

道德行为的提高，最根本的是要靠自我教育。专业技术人员要自觉地接受职业道德教育，进行自我学习、自我认知和自我提升，获得职业道德认知，陶冶职业道德情感，磨练职业道德意志，确立职业道德信念，健全职业道德人格，实践并倡导职业道德行为。

一是提高职业道德认知水平。要养成良好的道德行为习惯，必须具有正确的道德认知。道德认知是道德行为乃至整个道德品质形成的基础和先导，专业技术人员要对职业道德有深刻的认知，爱岗敬业、诚实守信、办事公道、服务群众、奉献社会，将职业规范内化于心。

二是陶冶职业道德情感。没有高尚的道德情感，就不会对职业道德产生深刻感悟，也不会发挥道德情感的作用，更不会有职业理想人格的执着追求。哲学家苏格拉底说："做一个有德性的人，过有德性的生活。"基于德性的崇高理想的追求和奋斗是人生意义之所在，而精神的净化来源于品德和自身修养。专业技术人员要树立职业观念，端正职业态度，将职业道德意识转化为职业道德行为，将职业精神外化于行，形成良好的职业作风。

三是磨练职业道德意志。职业道德意志是道德品质和道德人格形成的关键。没有坚定的职业道德意志，就不能在实践中克服困难，节制或牺牲个人利益，战胜邪思或私欲。专业技术人员要加强意志锻炼，主动适应社会发展的需要，养成自我控制、自我调节、自我完善的良好习惯。

四是确立职业道德信念。只有具备坚定的职业道德信念，才会有更高的职业道德理想和职业道德追求。专业技术人员在任何情况下都应当坚定职业道德信念，在践行职业道德规范方面率先垂范。

专业技术人员在职业道德建设方面不是被动者，而是职业道德的载体和倡导者，要采取改变、改善和优化职业道德环境的主动行为，成为职业道德的"弘扬者"和"传道者"。

案例

10 名科学家共同签署弘扬科学家精神树立良好作风学风倡议书[①]

2019 年 9 月 17 日，中国科学院、国家自然科学基金委员会联合举行"弘

① 根据《中国科学报》2019 年 9 月 19 日有关报道整理。

扬科学家精神、树立良好作风学风”座谈会，会上10名中青年科学家共同签署一份面向全国科技工作者的“弘扬科学家精神、树立良好作风学风”倡议书，旨在大力弘扬科学家精神，在科技界切实加强作风和学风建设。倡议书内容如下：

科研作风和学风是决定科技事业成败的关键。党中央高度重视科研作风和学风建设。习近平总书记在两院院士大会上指出，要弘扬科学报国的光荣传统，追求真理、勇攀高峰的科学精神，勇于创新、严谨求实的学术风气。2019年6月，中共中央办公厅、国务院办公厅印发《关于进一步弘扬科学家精神 加强作风和学风建设的意见》，对弘扬科学家精神、加强作风和学风建设做出了全面系统的部署。为在全社会大力弘扬科学家精神，在科技界切实加强作风和学风建设，我们向广大科技工作者倡议：

一、自觉践行新时代科学家精神

在新时代坚定敢为天下先的自信和勇气，敢于提出新理论、开辟新领域、探寻新路径，在解决受制于人的重大瓶颈问题上强化担当作为。坚持追求真理、严谨治学，甘坐“冷板凳”，肯下“苦功夫”，倡导团队精神，坚持全球视野，加强国际合作。坚持立德为先、诚信为本，勇做重大科研成果的创造者、建设科技强国的奉献者、崇高思想品格的践行者、良好社会风尚的引领者。

二、坚守科研诚信底线和科研伦理规范

严守学术道德底线，遵循科研伦理规范。保证科研数据客观、真实、完整，保证实验方案科学、环境客观、检验充分、结果真实。规范引用和使用他人观点、数据及文献，尊重他人原创。按照对科研成果的创造性贡献大小和学术规范据实署名和排序，反对无实质学术贡献者“挂名”，尊重和维护成果贡献者在成果署名、知识产权归属等方面的合法权益。

三、反对浮夸浮躁、急功近利

深入科研一线，掌握一手资料，不人为夸大研究基础和成果的学术价值与实用价值，不能把未经科学验证的现象和观点当成定论向公众传播。保证项目申请、奖励推荐等材料客观准确，真实描述科研成果，不为获取科研经费而申报明显不具备研究基础的项目。不参加自己不熟悉领域的咨询评审活动，不在情况不掌握、内容不了解的意见和建议上署名签字、出具证明。谨慎兼职，并确保兼职与本人研究专业相关，杜绝无实质性工作内容的各种兼职和挂名。

四、加强科研数据及成果管理

保证科研档案与科技报告系统、真实，准确记载研究条件、研究过程、研究数据和分析结果，确保关键过程可重复、关键结果可检验，按规定管理、留存实验记录、实验数据等原始数据资料。公布突破性科技成果和重大科研进展应当经所在单位同意，推广转化科技成果不故意夸大技术价值和经济社会效益，不隐瞒技术风险，确保经得起同行评、用户用、市场认。

五、反对科研领域“圈子”文化

坚持“功成不必在我”的胸襟，打破门户倾向，抵制各种利益纽带和人身依附关系。对于学术上的问题，要坚持学术民主，就事不就人进行争论和争鸣，勇于批评和自我批评。公正负责地参加项目评审、人才评价和机构评估等活动，抵制各种人情评审，在科技项目、奖励、人才计划和院士增选等各种评审活动中率先做到不“打招呼”，不“走关系”，不投感情票、单位票、利益票。

六、积极履行社会责任

作为科学家，努力做到学为人师、行为世范，引导教育学生严格遵守学术规范，加强对学生科研活动的审核把关，传播追求真理、科技报国的价值理念，引领更多青少年投身科技事业。主动走近公众，开展科普活动，弘扬科学精神与科学文化，在全社会形成尊重知识、崇尚创新、尊重人才、热爱科学、献身科学的浓厚氛围。积极推动建立和完善有利于良好作风学风的科技管理制度规范。

共同倡议科学家

孙昌璞　中国科学院院士、中国工程物理研究院研究生院院长

梅　宏　中国科学院院士、中国人民解放军军事科学院副院长

张学敏　中国科学院院士、军事医学科学院国家生物医学分析中心主任

周忠和　中国科学院院士、中国科学院古脊椎动物与古人类研究所研究员

丁奎岭　中国科学院院士、上海交通大学常务副校长

陈晔光　中国科学院院士、清华大学教授

李儒新　中国科学院院士、中国科学院上海光学精密机械研究所所长

傅小兰（女）　中国科学院心理研究所所长

孙斌勇　中国科学院数学与系统科学研究院研究员

陈云霁　中国科学院计算技术研究所研究员

【案例评析】10名科学家共同签署倡议书，着力弘扬科学家精神，树立良好作风学风。在职业道德认知上，这是科研工作者发自内心的呼声，强调科研是一座神圣的殿堂，科学研究无边界，学术道德有底线；在职业道德情感上，表明了科研工作者建立良好学风、形成风清气正纯净科研环境的期待；在职业道德意志上，体现了当代科学家以身作则，继承和发扬老一辈科学家坚持国家和人民利益至上，艰苦奋斗、科学报国的优秀品质，以及传承科研精神的坚定意志；在职业道德信念上，年轻一代科技工作者明确了要求自己的目标和准则，坚定了坚守科研诚信底线、积极践行科学家精神的信念。

（二）在实践中磨练意志，做职业道德的“力行者”

职业道德修养是一种自律行为，关键在于“自我锻炼”和“自我改造”。专业技术人员在职业实践中要树立崇高目标，培养高尚志趣，提高鉴别力、自制力，时刻保持警醒，形成良好的职业道德品质，达到“从心所欲不逾矩”的境界。

一是确立崇高的职业目标。崇高的价值目标如同仰望星空，对于人生价值选择具有极其重要的作用。专业技术人员确立了崇高的职业目标，就会在职业实践中自觉地以自己的全部感情、意志、希望和行为服从于这一目标，

就会以职业理想为原动力，提升职业技能，追求职业价值，加强职业道德行为训练，形成良好的职业作风。

二是培养高尚的职业志趣。志趣高尚，意味着崇高的思想情操、丰富的精神生活，意味着正确的世界观、人生观和价值观，意味着脱离了低级趣味，能够抵制各种不良诱惑。专业技术人员培养高尚的职业志趣，就能对自己所从事的职业有比较深刻的理解，就能乐业不疲、心无旁骛、专心致志，就可以做到脚踏实地不冒进、淡泊名利不浮躁。

三是提高分辨鉴别力。鉴别力有助于在混沌的环境中保持镇静，在复杂的状态下保持清醒，在需要取舍的时候保持冷静。专业技术人员要提高科学素养，具备科学精神，认识和把握规律，不为假象所迷惑，防止受骗和上当；要多听多看多思考，提高识别和判断能力，把握事情的优劣主次，不为小利所引诱，克服从众心理，正确识别真假美丑，增强对“道德陷阱”的“免疫力”。

四是提高自律自制力。坚守正道，意志坚定，自律慎独，就能在心中筑起一道坚固长城，在意志上抵御和战胜各种歪风邪气。专业技术人员自觉践行职业道德，要有自我控制能力，知利害、不盲目、懂后果、能自持，善于发挥专业精神，采用多种方法纠偏守正。

五是时刻保持警醒。保持预防警醒的状态，模拟具体环境，设想应对方式，可有效预防各种悄然而至的“失德”纷扰。做职业道德的“力行者”，要有“君子不立危墙之下”的自省，遵守职业道德规范，遵守职业纪律，警钟长鸣、防微杜渐，避免“瓜田李下”的侵扰，养成职业道德行为习惯，形成自身的职业风范。钱钟书先生潜心治学、淡泊名利，堪称典范。他甘愿寂寞，不懈努力，辛勤研究，阅读量叫人叹为观止，其学术著作《管锥编》《谈艺录》仅引征就达 4 000 多种书籍。他尽管有很高的学术声誉，但终其一生，却从未接受过任何荣誉，从不接受媒体的采访，也没有留下一本自传。他拒绝访谈的名言是：“如果你吃了个鸡蛋，觉得不错，何必要认识那下蛋的母鸡呢？”钱钟书拒绝各种社会头衔，拒绝出席各种学术会议，拒绝国外多所大学邀请的帖子，拒绝法国政府授其勋章，拒绝美国的天价讲课费，拒绝他人为其祝寿，拒绝出席国宴，拒绝被列入名人录，拒绝各种应酬……这些拒绝展示了一个知识分子的精神操守和风骨。

（三）在“他律”中促“自律”，做职业道德的“评价者”

专业技术人员职业道德修养的提高，一方面靠“自律”，取决于自己的主观努力，即自我修养，另一方面靠“他律”，即社会的培养和组织的教育，两个方面缺一不可。

参加职业道德评价，可增强职业道德建设的参与感，以“他律”推动“自律”。专业技术人员进行职业道德评价，是运用所掌握的职业道德标准对他人和自己的行为做出道德分析和价值判断，是从职业道德角度进行善恶判断和优劣排序，具有鲜明的职业特点。运用职业道德评价，在约束他人的同时接受他人约束，在监督检查他人的同时接受他人的检查和监督，可以加深对职业道德的认识，维护职业道德的原则和规范，增强职业道德自我审视能力，还可以丰富职业道德体验，在职业道德建设中教育他人、调节自身行为。

（四）对标学习模范人物，做职业道德的“追星者”

榜样的力量是无穷的。以什么人为榜样，对于能否树立正确的人生观和道德观，具有重大的意义。道德榜样能够发挥示范作用，是最形象、最具体、最有针对性、最具说服力的标杆，有较强的感染力，容易被人们所接受。先进人物所表现出来的高尚道德、美好情操和嘉言善行，能够教育和鼓舞专业技术人员加强道德品质修养，是职业道德教育的最好教材。

专业技术人员职业道德楷模，在国家奖励表彰层面，有“共和国勋章”获得者于敏、孙家栋、袁隆平、黄旭华、屠呦呦等，有国家荣誉称号获得者于漪、卫兴华、王蒙、王启民、叶培建、吴文俊、南仁东、顾方舟、顾铭轩、程开甲、樊锦诗等。新中国成立以来各个时期的先进分子“最美奋斗者”中，有为数众多的专业技术人员，他们同时也是彪炳史册的职业道德模范。此外，在各行各业中，还有大量专业技术人员职业道德模范，如“全国优秀教师”“全国优秀科技工作者”“德艺双馨文艺工作者”“全国优秀律师”等，他们都是值得推崇和对标学习的职业道德模范。

在职业道德教育实践中，要注重各个环节的相互联系、相互影响和综合效应，持续进行职业道德教育，促使专业技术人员加强自我修养，不断提高职业道德品质，升华职业道德境界。

三、崇尚职业精神

职业精神是职业特有的精神传统，是制度和道德规范的心理内化，是从业者特定的心理和素质。它是对从业者在职业理想、态度、责任、技能、纪律、良心、信誉、作风等方面的精神要求，并通过职业道德的行为实践表现出来。职业精神在特定的职业实践基础上形成，鲜明地体现特定职业的特点。例如，救死扶伤是医生的职业精神，不做假账是会计的职业精神，依据事实和法律是律师的职业精神，为人师表是教师的职业精神。职业道德通过制度文本和行为规范的形式，要求从业者严格遵守，并内化为心理特质，稳定为一个人的素质，表现出职业精神。

职业精神体现出从业者在职业责任、职业行为、职业态度、职业作风等方面的精神要求。2018 年 5 月 14 日，川航 3U8633 航班在自重庆至拉萨的飞行途中，驾驶舱右侧挡风玻璃在 9 800 米高空破损脱落。面对突发情况，机组人员临危应变，成功处置险情并安全备降，确保了机上 119 名乘客的安全，体现了敬畏生命、敬畏职责、敬畏规章的职业道德意识，表现出高度的责任心、最高的职业水准、过硬的飞行技术和临危不惧的坚强意志。中国机长良好的职业精神，表现为坚定的职业理想，认真负责、精益求精的从业态度，对工作极其热爱和投入的品质，恪尽职守的专业精神，兢兢业业、一丝不苟的工作作风。专业技术人员的职业精神意味着：对自己所从事的工作进行精深的学习与孜孜不倦的研究；在工作中追求精益求精；在原有知识基础上不断地学习与创新，充满创造力；超越一般的技术水准；执着地追求更高的质量标准和满意度。

培养良好的职业精神，除了要谨遵职业道德规范之外，还应当注重以下方面。

（一）要有崇高的职业理想

职业理想是职业精神的重要组成部分，是人们对自己未来或正在从事职业的一种设想和追求，亦即渴望达到的职业境界。职业理想与个体的职业价值观密切相关，个人对职业理想的勾画，结合了社会需要、职业声望、个体条件以及自身的世界观和人生观。职业理想是职业活动和职业成就的超前反映，时代的发展、社会的分工、产业的变化等都影响着个体的职业理想。职业理想具有差异性、发展性和时代性特征，对个体选择职业、开展职业活动具有导向、调解和激励作用。只有树立崇高的职业理想以及抱有对这种理想的坚定追求，才会产生对这个职业的认同和热情，才能遵守职业道德并生发出职业精神。

（二）要有良好的职业态度

职业态度是指人们对职业所持有的评价和行为倾向。社会心理学家凯尔曼于 1958 年提出，态度的形成包括“服从——同化——内化”三个阶段。通过这三个阶段，一个人才能真正从内心深处接受并相信他人的观点，并把这些观点纳入自己的价值体系之内，成为对某种职业态度体系的有机组成部分。积极、主动、努力、毅力、乐观、信心、爱心、责任等积极的态度因素对一个人的职业行为及其结果有着巨大的影响。专业技术人员无论选择在何种领域工作，其成功的重要因素之一就是职业态度。积极、主动等职业态度因素是职业精神的重要构成部分，是价值观在职业行为中的体现。良好的职业态度是做好本职工作的前提。认真负责、求知上进的态度和正确的事业观是专业技术人员做好本职工作、实现个人职业发展的必要条件。

案例

王辰院士，到底有多厉害?①

王辰是国内首屈一指的呼吸病学与危重症医学专家，抗击“非典”时期，

① 根据网络资料整理。

面对一无所知的敌人，他以医者的职业素养率先反应，搭建高标准的“非典”隔离病房。2020年2月1日，王辰从北京赶赴武汉，看到武汉形势严峻，他首次提出建立“方舱医院”，对患者要应收尽收，应收早收。他认为“这不是‘至善之策’，却是可取之策，现实之策。”在国家鼎力支持、解放军迅速驰援之下，48小时后首批3座方舱医院开舱，半个多月后，更多的方舱医院加入，运转效果出奇制胜，武汉的床位紧张问题基本缓解。建立方舱医院成为武汉疫情关键时刻的关键之举。

王辰院士饱读诗书，气质儒雅。父母皆为大学教授，幼年他常看父母在灯下熬夜备课。那时他便意识到知识的重要性，小学时就广涉名著。与蒙古史学家贾敬颜先生的一桩小事，鼓舞了他的一生。有一次，小王辰叩开“活字典”贾敬颜家的大门，问道“噬脐莫及是什么意思?”贾老被问住了，他架起梯子在如山的书堆翻找，也没得出答案，就让小王辰先回家去，“等我到图书馆给你查查。”事情过了两天，贾敬颜主动找到王辰，按自己的理解说了大概意思，还诚恳地告诉王辰，“这只是我的猜想，并未找到严格根据，以后若找到，一定再告诉你。”贾敬颜尊为学者，却没有高高在上，肯耐心为孩子找一个成语。没找到，就如实说明了情况，绝不作假。这让王辰不禁感慨：“这些人是真知识分子。你得相信，他们这样纯真、高尚的人是中国社会真实的存在。”“价值观务求高贵，世界观应当现实。以高贵的价值观导引，以现实的世界观行路。”

1981年，王辰从山东考入首都医科大学医疗系，毕业后，在北京红十字朝阳医院开始行医生涯。2年后，王辰被国内呼吸病学泰斗人物翁心植收为开门弟子，并重回母校首都医科大学攻读硕士、博士。2018年5月，王辰任中国工程院副院长。2019年12月，王辰获得年度吴阶平医学奖。该奖共评选过13次，至今只有20人获奖。得此殊荣，他却只说了八个字：“一切过往，皆为序章。”

2016年11月，王辰受邀参加第五届京港感染论坛，并发表以《内心强大的人才能做好医生》为题的主题报告，这篇报告可以说是专业技术人员职业道德养成的重要提示，现摘编如下。

内心强大是医生重要的特征，充满自信、要有大智慧和善良情怀是内心强大的主要表现。在这里，最重要的特征是善良，并且是骨子里的善良，于医生而言是要有一颗悲悯之心。要做好医生、好大夫，必须有很好的人文素养。何为人文素养？是价值观，是做人的整体素质，是对生命的把握，对社会的洞悉，对人生的了悟。而人文素养中很重要的一个问题就是内心强大。

首先，面对瞬息万变的危急病情，医生需要内心强大。医生必须心怀恻隐之心。恻隐之心是人类内心最朴实的情感。从医既要有仁爱的情感，体恤悲苦的病人，又要有客观高超的技艺，果断处理急危病情，做到有情有理。

其次，面对庞大的医学知识体系，医生需要内心强大。从医路上，必须面临很多问题，首先需要面对的就是庞大的医学知识体系，在学之不竭的医学知识体系中迅速找出适合自己的，需要做出稳定的选择，这种选择也需要强大的内心。

再次，面对托付生命的病人，医生需要内心强大。医生不仅仅是一名技术工作者，也不单单是一名科学工作者，更是病人赖以寄托的人。这种寄托是一种生命的寄托，拥有强大内心和稳定心智的医生才是患者真正愿意托付的，甚至是患者的希望所在。

最后，面对寄托情感的病人和家属，医生需要内心强大。医生之所以被称为大夫，是有其特殊含义的。病人及家属称呼医生为大夫，是对医生的尊重，病人把他的性命维系在大夫身上，家属把对病人的情感维系在大夫身上。值得病人及家属托付，就是医生内心强大的表现。

内心强大的医生懂得互相尊重，身怀戒惧之心，保持学习热情，朴实而且睿智。要做到内心强大，第一要善良，第二要智慧，第三要自信，最后要懂得爱和怕。有爱，才能付出，才能义无反顾；有怕，才能安全，才能趋利避害。

【案例评析】 作为职业道德的践行者，王辰院士职业道德的养成经历了

“认同、同化、内化、外化”的阶段。幼年成长即受到老一辈知识分子良好职业精神的影响，经历自我思考和自我修炼的过程，基于职业感悟，形成感性和理性兼具的职业态度，将自身价值观体现在职业行为中，成为职业道德典范。

（三）要有强烈的职业责任感

所谓职业责任，是指从事一定职业的人们对社会和他人所负的职责。各类职业的从业人员都对他人、其他职业或社会承担着一定的责任。这些职业责任是社会义务、使命和任务的具体体现。社会上有多少种职业，就有多少种职业责任。职业责任是职业精神的核心。以什么样的思想、感情、态度、作风和行为来对待本职工作，既是职业责任问题，又是职业精神问题。人们通过对职业责任的认识和体验，产生了职业责任感和职业义务感，这对人们在职业活动中道德行为的产生具有重大的影响。专业技术人员只有认识到自己所担负的责任，把它变成自己内心的道德情感和信念，才能自觉自愿地从事本职工作，并在职业活动中克服困难，努力做好本职工作，呈现出良好的职业精神。大量事实告诉我们：具备良好职业精神和较高职业道德水平的人，都具有强烈的职业责任感；反之，缺乏职业精神和职业道德的人，必然是缺乏职业责任感的人。因此，每位专业技术人员都应从担当职业责任开始培养职业精神。

（四）要有必备的公共情怀

专业技术人员以专业领域的知识服务社会，承担自己的社会责任。除了专业以外，还需要具备公共关怀精神，关怀社会、国家以及世界上一切有关公共利害之事，成为人类基本价值（如理性、自由、公平）的维护者。科学与人文是承载和导引人类社会前进的两条轨道，缺一不可。专业技术人员只有具备融合科学精神与人文精神的公共情怀，才能推动社会向着最有利于人类美好发展的方向前进。人类社会正从“征服自然”转向“协调自然”的可持续方向发展，需要确立生态意识、环境观念、可持续发展观念，采取整合式社会发展模式。面对未来的挑战，专业技术人员肩负的伦理责任和使命十分重大。全球化的进程表明，人类社会已在经济、政治、社会和环境等方面不可抗拒地联系在一起。离散式的社会发展造成不和谐、不公平、资源浪费，整合式社会发展会带来和谐、合作和进步。整合式社会发展模式依赖人们伦理观念的变革，破除狭隘、短视、实用主义眼光，转变为一种长远的、多角度、多维度的思考。在“科学、技术、经济、社会一体化”背景下，各类专业技术人员已经成为技术共同体中的一员。技术的不合理应用会给人类带来各种灾难，包括大气污染、温室效应、基因伦理等。这是一个需要有关部门和专家学者共同探讨的国际性课题。专业技术人员要从更广域、更长远的视野来感知职业道德和公共伦理问题，评价科学技术活动的可能后果，明确自己应如何行动、如何履行职责。

第三节　凝练传承——固化于制

职业道德制度体系建设是专业技术人员职业道德养成的客观领域，即运用“他律”促进专业技术人员职业道德的养成。职业道德制度建设要有系统思维和明确路径，最终达成专业技术人员职业道德整体环境的优化。

一、职业道德建设的基本思维

专业技术人员职业道德建设是一个系统工程，也是一项艰巨的重要任务。需要与社会公德建设相结合，与思想政治工作相结合，与人力资源管理和开发相结合，与行业规范相结合，从不同层面上凝练共同遵守的规则，持续推进制度的完善，形成完善的职业道德建设制度体系。

（一）与社会主义核心价值观相结合

加强专业技术人员职业道德建设，要与公民道德和社会公德建设相结合，明确道德行为的共同遵循。道德发展是一个社会化的过程，道德的一个重要特征，就是其渗透在社会生活的各个层面，并与人们不同的社会关系及社会行为相融合，从而发挥调节人与人之间、人与社会之间相互关系的独特作用。《新时代公民道德建设实施纲要》提出全面推进社会公德、职业道德、家庭美德、个人品德建设，推动践行以文明礼貌、助人为乐、爱护公物、保护环境、遵纪守法为主要内容的社会公德。社会公德是所有公民必须遵守的道德准则，职业道德是社会主义道德建设的重要组成部分，是社会道德在职业活动中的具体表现，是一种更为具体化、职业化、个性化的社会道德。加强职业道德建设是新形势下社会主义精神文明建设的重要内容。

加强专业技术人员职业道德建设，要与社会主义核心价值体系相结合。党的十八大报告提出，倡导富强、民主、文明、和谐，自由、平等、公正、法治，爱国、敬业、诚信、友善，积极培育社会主义核心价值观。其中，“爱国、敬业、诚信、友善”是每一个公民应尽的责任和履行的义务，是实现人生价值的根本。社会主义核心价值观的建设需要每一个公民作为行为主体，认知社会道德规范，并践行在职业行为之中。培育和践行社会主义核心价值观，重在认知认同，做到知行统一。专业技术人员作为公民的一员，具备良好的道德认知是社会发展的必然要求，也是个人成长的必要条件。要对专业技术人员深入开展宣传教育，大力培育和发扬民族精神与时代精神，增强他们的价值判断力和道德责任感，使得社会主义核心价值观日益深入人心。

（二）与党的建设学习活动相结合

专业技术人员职业道德建设要结合党的建设学习活动进行。专业技术人员要深刻理解习近平新时代中国特色社会主义思想的科学体系，坚持学思用贯通，知信行统一，学深悟透，融会贯通，突出强调服务群众、奉献社会的职业道德；要认真学习《中国共产党党内监督条例》和《中国共产党纪律处分条例》等党内法规，加强纪律教育，强化监督检查。《中国共产党章程》规定，党员要发扬社会主义新风尚，带头实践社会主义核心价值观和社会主义荣辱观，提倡共产主义道德，弘扬中华民族传统美德。共产党人的价值观是忠诚老实、公道正派、实事求是、清正廉洁，这一价值观与专业技术人员职业道德相契合，专业技术人员接受党的宗旨教育，也是职业道德养成的重要内容。建立不忘初心、牢记使命的制度，专业技术人员要做典范。守初心，永远不脱离群众、轻视群众、漠视群众疾苦；担使命，勇于担当负责，积极主动作为；抓落实，为民服务解难题，不断增强人民群众的获得感、幸福感和安全感。针对专业技术人员职业道德方面存在的问题，以刮骨疗毒的勇气坚决予以整治，筑牢信仰之基，补足精神之钙，把握思想之舵，增强贯彻落实的自觉性、坚定性。

（三）与人力资源管理和开发相结合

专业技术人员职业道德建设要与人力资源管理和开发相结合。专业技术人员主要分布在事业单位和企业，尤其是在事业单位，专业技术人员比例较高。用人单位在人力资源管理与开发的各个环节，都有必要将职业道德建设的相关内容与之相结合，例如，在专业技术人员招聘引进过程中，要有对应聘者职业道德表现的相关考察；在培训开发过程中，要有职业道德课程的设置；在岗位管理和职称评定中，要进行职业道德表现评价；在工作考核中，要嵌入职业道德评价的内容；在激励制度中，要明确与职业道德相关的奖惩措施等。

（四）与行业规范建设相结合

专业技术人员职业道德建设要与行业规范建设相结合。行业规范是确保专业技术人员遵守良好职业道德规范的必要条件，是专业技术人员职业道德养成的主要他律形式。模范遵守职业道德规范应当获得表彰奖励，而违反职业道德必然受到严肃处理。要制定专业技术人员行业规范，设定职业道德标准，还要明确职业道德具体行为的奖励表彰和惩罚处分办法。例如，关于师德有《高等学校教师职业道德规范》《中小学教师职业道德规范》等；关于科学道德有《中国科学院院士行为规范》《中国工程院院士科学道德守则》《科技工作者科学道德规范》等；关于医德有《关于加强卫生计生系统行风建设的意见》等。

二、职业道德建设的主要路径

（一）促进职业道德相关法制建设

法律制度建设是专业技术人员职业道德的基本依据。在专业技术人员队伍不断壮大，全社会对专业技术人员职业道德更加关注的情况下，迫切需要顺应时代的需要，进一步建立健全职业道德建设相关法律法规。要推进相关法律法规建设，对涉及职业道德的内容进行细化，对专业技术人员关于职业道德方面的权利与责任予以明确，对关于职业道德的条款进行完善，统一专业技术人员失范的处罚标准，使得专业技术人员职业道德建设相关举措有法可依、有据可查。完善相关规定的同时，加大职业道德相关法律法规和管理制度的执行力度。

（二）大力完善行为规范制度

制定行为规范是专业技术人员职业道德建设的主要方法。制定行业规范，完善行为规范相关管理制度，将有力促进专业技术人员职业道德建设。明确各行业专业技术人员职业道德的行为标准，要在制度中体现不同领域职业道德的共性和个性要求，坚持制度的连续性和稳定性，顺应变革和创新，体现时代性。要严格把控执业标准，在专业技术人员执业资格制度体系中明确职业道德行为标准。在职业资格考试中嵌入职业道德相关行为规范的内容。普遍意义的规范要与具体行业要求和责任承诺相结合，逐步在专业技术人员所在行业建立起系统完备的行为规范制度体系，促使行为规范更有效地发挥作用。

（三）有效实施职业道德培训

专业技术人员教育培训应当包含职业道德教育内容。组织开展各种教育培训活动，增强职业道德认知，提升职业道德意识，培养职业道德情感，坚定职业道德信念和意志。科学设计培训课程和培训内容，以现身说法、现场参观、深度交流等丰富多样的培训方式，教育引导专业技术人员规范职业行为，防微杜渐，警示避免不当行为，培育专业技术人员职业情操，促进职业道德养成。

（四）强化职业道德监督管理机制

加强专业技术人员职业道德建设，需要强化对专业技术人员职业行为的监督管理，完善监督体制和监管机制。监督包括内部监督和外部监督，内部监督主要是所在单位、所在团队、所在项目组进行日常监督管理，加强引导和管理，提示正确的行为，警示不当行为，防患于未然，对专业技术人员的职业行为起到较强的规范作用。外部监督包括上级机构监督、行业或专业机构监督、第三方监督、服务对象监督、舆论监督等。外部监督体现监督的客观性、专业性和权威性，对专业技术人员职业行为起到较强的约束作用。在相关的信息化建设、诚信机制建设等中，新型技术和先进管理手段应日益受到重视并得到广泛运用。

（五）优化职业道德考核奖惩制度

在专业技术人员考核中纳入职业道德评价的内容，在考核结果使用中，针对职业道德相关行为表现设定奖惩办法。在专业技术人员考核中，通常的考核内容是德、能、勤、绩、廉，有必要将德的部分予以细化，根据岗位职责明确职业道德考核相关内容和指标，设定考核尺度和考核标准，根据考核结果进行奖惩。同时，在专业技术人员岗位考核、项目考核、晋级考核、任期考核以及职称评定等情形下，也有必要设定职业道德考核评价环节和内容，并有效使用考核结果。推进职业道德表彰奖励制度建设，树立专业技术人员职业道德榜样，有助于弘扬正确的职业道德观，促使专业技术人员呈现出良好的行为规范。建立职业道德惩罚处分制度。对专业技术人员不规范的言行举止、学术不端行为等具体表现进行细化和列举，严格处理，公示处罚结果，从而起到预防和警示作用，以提升专业技术人员职业道德水平。

三、职业道德环境的建设

（一）职业道德环境的影响

道德发展是一种社会化的过程。专业技术人员在工作生活中时刻面临社会环境的影响，既有政治、经济、社会、文化等宏观环境的影响，也有家庭环境的影响，更有职场、行业等职业环境的影响。职业环境对专业技术人员的成长发展有着至关重要的作用。专业技术人员发挥作用，为社会提供专业服务，需要工作平台、共生环境、共享设备、项目合作、团队协作，离不开职业环境，思想意识和行为举止因此不可避免地打上职业环境的烙印。同时，专业技术人员的职业活动又对职业环境造成深刻的影响。

职业道德环境是职业环境的一个重要组成部分，是影响和制约专业技术人员职业道德活动的各种因素的综合。“蓬生麻中，不扶而直；白沙在涅，与之俱黑。”职业道德环境对专业技术人员职业道德的养成具有潜移默化的影响，有无形的激励或制约作用。职业道德环境分为良好环境和不良环境，对专业技术人员的职业道德认知和行为起着积极促进或消极制约作用。

良好的职业道德环境，有利于提高专业技术人员的职业道德素养，可以通过规范引导、舆论评价、榜样激励、宣传鼓舞等方式，引导专业技术人员明确认识，提高精神境界，增强对他人和社会的责任感。职业道德环境的积极促进作用表现为：积极向上的工作氛围促进专业技术人员工作能力的提高；自觉遵守职业道德的行为形成群体心理定势和无形约束；和谐健康的组织文化促进专业技术人员职业精神的健全与完善。

不良的职业道德环境，会降低专业技术人员的职业道德水准，其消极制约作用表现在：不良的工作氛围和组织文化会使专业技术人员难以全身心投入工作；浮躁风气和急功近利会导致行为偏差，产生个人主义、功利主义思想，出现不思进取、敷衍塞责的不良现象；长期处在不良的职业道德环境中，甚至可能导致人格发生畸变，出现以职谋私、弄虚作假等恶劣行为。

建设良好的职业道德环境，不仅需要专业技术人员个人发挥主观能动性，还需要所在单位加强引导和日常监管，需要行业组织明确行为标准，需要政府出台制度办法予以规范，需要在不同层面树立模范典型，形成示范效应。

（二）个人自觉行动改善职业道德环境

“你在桥上看风景，看风景的人在楼上看你”，专业技术人员是环境的产物，其职业道德受到职业环境影响。专业技术人员也是职业道德环境建设的参与者，营造良好的职业道德环境是每位专业技术人员义不容辞的责任。专业技术人员要发挥主观能动性，主动营造良好的职业道德环境。

一是自律慎独，改善自身职业行为。专业技术人员自身也是环境的一部分，创造良好职业道德环境，离不开每位专业技术人员的行动。“打铁还需自身硬”，要准确把握自身角色，从自我做起，从现在做起，从点滴做起。自觉遵守法律法规，参考对照规范与行为标准，及时有效地进行自我检查与反思，在无人监督的情况下做到“其身正”，清者自清。自身职业行为的改善，会促使周围的环境也渐渐改善，良好的职业道德环境得以形成。

二是嘉言懿行，构建和谐工作环境。专业技术人员加强自身职业道德修养，着力营造和睦温馨的工作环境，和颜悦色地提供专业技术服务，会让人感到充满诚意和信心。敬业诚信并信任他人，可以促使相关方互利共赢、共同进步。与同事合作戮力同心，能增强团队合作意识，团结协作达成工作目标。“两弹元勋”邓稼先对中国核科学事业做出了伟大贡献，他的同事、朋友都说邓家人特别好。在当时只有计算尺和手摇计算机的条件下，邓稼先和他的同事承担繁重的研发任务，因陋就简、夜以继日地工作，和时间赛跑，完成一天的工作往往要到凌晨。回到宿舍的时候往往大门都关了，邓稼先只好先翻过铁丝网，再由几个年轻学生把自行车从铁丝网上举过去。20 世纪 70 年代，邓稼先夫妇的月收入在当时是很高的了，他有时会请同事吃一顿，剩下的钱买火烧带回家去吃，被同事们戏称为“有钱的困难户”。

三是自觉行动，着力净化职场风气。专业技术人员要正确面对所在环境，明辨是非，自觉抵制腐朽思想和各种不良观念影响，戒除从众心理，不为“圈子”所左右，破除利益纽带和人身依附关系。克服惰性，消除浮躁，不急功近利，不急于求成，以身作则抵御不正之风。

四是向善笃行，传递善意分享风尚。专业技术人员要训练有素且富有爱心，善于传递善意，运用专业知识帮助他人。如果有人遇到依靠专业技术才能解决的问题，专业技术人员不应袖手旁观或熟视无睹，而应积极主动以专业能力提供必要的帮助，散播正能量，让人感到温暖。当善意的职业行为开始传递，职业道德的“传递效应”就会得以显现，并形成良好的社会风尚。

（三）各方齐抓共管营造职业道德环境

一是加强职业道德组织文化建设。专业技术人员所在单位要把建设良好的职业道德环境作为一项长期重要的使命。首先，严格把控源头，对新入职人员进行职业道德相关测试和考察，确保专业技术人员具备职业道德意识，符合职业道德的合格标准。其次，加强培训和监管，通过一系列教育培训、日常监管、对标检查、考核评价、奖惩激励等管理实践，不断强化职业道德认知。及时肯定和表扬职业道德榜样的做法，及时发现不合格的动向、不达标的行为。将职业道德行为表现纳入考核评价制度，进行奖惩和公示通报，防微杜渐，科学管理，端正职业道德行为。最后，加强宣传教育，举办多种形式的职业道德主题交流活动，召开研讨会、报告会、交流会等，开展职业道德实践案例分享、演讲和网络交流活动，营造风清气正的职业道德文化氛围。

二是推进职业道德行业作风建设。专业技术人员职业道德表现也是行风建设的一部分。专业技术人员所在行业担负着本行业职业道德环境建设的职责，必须大力推进行风建设。教育领域要进行师德建设，医疗领域要进行医德建设，文化领域要进行艺德建设，科技领域要进行学术道德建设。建设职业道德环境，要强化专业技术人员职业道德素养，要积极促成职业道德建设的行业倡议，加强宣传教育和行业引导；建立健全职业道德相关制度，发布行为规范，明确行为标准；要立足长远，长期不懈地进行本行业职业道德环境建设，建立长效机制，确保职业道德观念潜移默化、切实深入人心；建立健全职业道德学习培训机制、示范机制、评判激励机制，以科学有效的管理激励机制来推进和保障职业道德行业环境建设。

三是推进职业道德社会风尚建设。促使全社会充分认识到专业技术人员职业道德建设的重要性、必要性和紧迫性，以积极正确的导向促进职业道德的完善与提升。倡导提升专业技术人员综合素养，包括政治素质、社会伦理、科学知识、历史知识、文化艺术、宗教知识、礼仪修养、语言表达、沟通交流等。促进职业道德相关法律知识的普及教育，完善普法教育环境；运用各种大众媒体，传播职业道德相关信息，完善舆论宣传环境；大力宣传职业道德模范，弘扬优秀专业技术人员的先进事迹，优化典型示范环境；坚持惩防并举，对违反职业纪律和规范的行为进行惩处并广而告之，进一步完善警示环境；营造良好的职业道德氛围，专业技术人员普遍遵守职业道德规范，展现出职业行为的积极性、主动性、创造性，形成良好的职业形象；进一步发挥专业技术人员传帮带的优良作风，促进职业道德的传承，形成良好的职业风尚。

本章思考题

1. 职业道德情感主要有哪些内容？如何培育高尚的职业道德情感？
2. 专业技术人员应具备哪些角色意识，才能形成良好的职业道德行为？
3. 职业道德建设的主要路径有哪些？
4. 建设职业道德环境要从哪些方面着力？

第四章
违反专业技术人员职业道德的行为及惩戒

本章学习目标

了解违反职业道德的典型行为表现，明确专业技术人员职业道德的倡导性要求和禁止性规定，掌握对违反职业道德行为进行惩戒的相关规定内容，知晓违反职业道德行为的惩戒后果。

专业技术人员是我国经济社会发展中提供公共服务和进行社会主义现代化建设的重要力量。专业技术人员的职业道德规范既有所从事职业层面的相关道德规范约束，如《中小学教师职业道德规范》《中小学教师违反职业道德行为处理办法》《高等学校教师职业道德规范》《教育部关于建立健全高校师德建设长效机制的意见》《医疗机构从业人员行为规范》《科技工作者科学道德规范（试行)》等，也有作为事业单位工作人员统一的职业道德规范要求，如《事业单位工作人员处分暂行规定》中的有关内容。目前，不同行业领域的专业技术人员职业道德规范渐成体系，不同组织机构内的专业技术人员职业道德规范逐步完善。与职业道德规范不断健全完善同时出现的是，近年来在教育、科研、医疗卫生等社会公共事业领域，见诸各类媒体的违反职业道德现象。这些现象引发社会各界的广泛关注，政府部门、行业组织和人民群众普遍要求加大对违反职业道德行为的惩戒力度，维护人民群众的切身利益，提高专业化公共服务质量，促进社会各项公共事业健康有序发展。

第一节　违反职业道德的典型行为

职业道德是对职业行为的道德要求，与职业活动的要求密切相关。由于每一种职业所服务的对象、内容以及环境都存在差别，承担不同的责任和义务，因此，职业道德在不同的职业之间也有不同的要求，违反职业道德的行为也存在差别。

尽管法律规范对专业技术人员违反职业道德行为作出了禁止性规定，规定了违反职业道德行为的法律后果，在现实生活中，有关专业技术人员道德失范的报道仍频频见诸报端。违反职业道德的典型行为包括：利用信息不对称和职业优势谋取私利；抄袭、剽窃等各种学术不端行为；不重视专业技术和专业能力提升；钻政策和规则的空子而谋取不当利益；违反职业规范要求造成损失或损害；放任违反职业道德行为导致较为严重的后果。

一、利用信息不对称和职业优势谋取私利

专业技术的中立性，是专业技术人员职业行为客观性的来源。专业技术人员从事的工作具有专业性，使其与被服务对象之间存在天然的信息不对称，且基于这种信息不对称很容易形成职业优势。从事专业技术或者相关活动的当事人对利益的不同考虑和追求，会导致截然不同的结果。专业技术人员与其服务对象之间基于信息不对称产生的职业优势，既可以成为前者服务社会和公众的有利工具，也可能成为其谋取私利的手段。利用信息不对称和职业优势谋取私利主要表现为权力滥用。现实社会中，个别专业技术人员利用具体办事之“权”，索一己之私，故意刁难、拖沓不作为、吃拿卡要等现象仍然存在。

传道授业解惑是教师的应然之责，但有少数教师为谋取个人私利，利用学校资源和自身职业优势搞有偿家教，把职责范围内应尽的教育教学义务变成“有偿服务”，收取额外费用；或者与一些有偿辅导机构形成利益链条，组织学生参加校外有偿补课；或者身为公立学校教师，却将主要精力放在校外培训机构授课上，以换取更高的经济报酬，在日常教学工作中则敷衍了事，严重影响正常的教育教学秩序。这些现象都违反了教书育人、为人师表的教师职业道德和职业精神。

临床医生掌握医疗、预防、康复、保健以及相关工作的专业知识和技能，了解和掌握针对某一疾病的治疗方案及方案的益处、疗效、风险等，而患者往往对病情和医疗技术不甚了解。由于医学科学专业性强，人体生理、病理的差异性大，医生和患者之间存在严重的信息不对称。医生在选择治疗方案时，不仅需要掌握专业知识，还需要平衡某项技术的人文性、伦理问题、费用多少等。医生既拥有医疗服务提供权，又具备消费代理权，当医生向患者推荐治疗方案、开出处方之时，处于信息劣势的患者往往不会提出异议。如果医生的收入与药品的销售挂钩，在利益驱动之下，医生可以利用其信息优

势和职业优势，决定临床用药，增加患者的医疗需求，小病大治。这些对患者来说不必要或不合理的医疗服务，只会增加患者的医疗成本，对于治疗本身的作用不大，甚至还有负面影响。

以职谋私危害体现在如下几个方面：一是以职谋私必然会出现拉关系、走后门、送红包、递“回扣”、权钱交易等不正之风，严重败坏社会风气，损害党和政府在人民群众中的形象。二是以职谋私必然造成社会资源浪费，从总体上看没有创造价值，反而加重了人民群众的负担。三是以职谋私容易诱发腐败行为。以职谋私实质上是“靠山吃山，靠水吃水”“有权不用，过期作废”等一些腐朽思想作祟，违反了专业技术人员的职业道德，对各行各业专业技术人员群体的心理平衡造成冲击，亵渎了职业的神圣感和使命感，抵牾了他们的职业精神。

案例

天津“第一口奶”事件

2013 年 9 月 16 日，央视曝光天津多家医院新生婴儿的“第一口奶”被垄断。奶粉企业以向医院人员贿赂的方式，在家长不知情的情况下，让医院给初生婴儿喂自家品牌的奶粉，让孩子产生对某种奶粉的依赖，达到长期牟利的目的。据央视曝光的一份 CMDA 妇幼项目计划的支出名单显示，天津多家医院的医护人员过去一年每个月都会从多美滋公司那里领取到 300 元到 10 000 元不等金额的回报，该公司每个月此项支出总额都在 30 万元左右。经查核实，2011 年以来，天津市 85 家医疗卫生机构的 116 人受多美滋公司的委托，以向新生儿和婴幼儿家长授课、发放宣传材料、推介免费使用多美滋奶粉、提供相关信息等方式，违规接受多美滋公司数额不等的费用。2013 年 10 月 14 日，天津市政府公布了“第一口奶”事件调查处理结果：一是对 116 人违规接受的费用全部予以收缴。二是对 13 名违纪违规人员予以严肃处理，其中，1 人受撤职处分、扣发绩效工资；1 人受党内严重警告处分、吊销执业证书；1 人受党内警告处分；4 人被免职，并处吊销执业证书、扣发绩效工资、暂停执业活动；6人被取消年度评优评职资格、扣发绩效工资、调离工作岗位。三是对负有监管责任的市区两级卫生行政主管部门和医疗机构的6名相关负责人予以责任追究，其中，1人受行政记过处分；5人受行政警告处分。

【案例评析】本案例中，医院的医护人员收受奶粉企业的贿赂，在家长不知情的情况下，利用信息不对称的优势以及职业上的便利，为个人谋取私利。这种行为严重违反了医护人员的职业道德，属于《事业单位工作人员处分暂行规定》第二十条第三款所规定的利用职业身份进行利诱、威胁或者误导，损害他人合法权益的行为。

案例

媒体从业人员违反新闻职业道德案例被通报

根据社会举报，中国记者协会会同有关省市查处了一批新闻从业人员违反新闻职业道德的案例。

1. 2013年5月8日，三湘都市报刊发《“煤矿村”致信市长求教“石头上种田”》报道，称湖南涟源市湄江镇塞海村的村干部因与煤矿存在利益链而不作为，致使该村生态破坏严重，以致“水稻绝种、无田可耕”。经查，塞海村实有水田面积450余亩，因煤矿开采等原因不能耕种的有50余亩，不能做水田但可以改种其他作物的约100亩，没有证据表明村干部与煤矿存在利益链而导致不作为。该报记者在稿件刊发前，还曾与“中间人”就刊发报道及广告费等问题讨价还价。

2. 2013年6月初，中国商报记者带领非本报人员赴青海省都兰县采访过程中，随行人员以舆论监督相要挟，向多家被采访单位索要钱物。索要未果后，中国商报记者及随行人员私自把采访不实的稿件在中国商网青岛频道、中国网交通频道上刊发。

【案例评析】《中国新闻工作者职业道德准则》中强调，坚决反对各种有偿新闻和有偿不闻行为，不利用职业之便谋取不正当利益，不以任何名义索取、接受采访对象和利益关系人的财物。本案中的新闻从业人员将新闻报道的权威性作为交易对象，以此来换取个人的报酬，严重违反了新闻工作者的职业道德准则，违反了舆论监督报道有关规定，涉嫌敲诈勒索，在社会上造成负面影响，败坏了新闻工作者的崇高声誉，损害了媒体的权威性和公信力。

二、抄袭、剽窃等各种学术不端行为

学术研究本应求真求实，以诚信为基础。但近年来，随着科学技术与社会经济的关系越发密切，学术研究日益市场化，学者的个人利益与学术研究往往直接挂钩。在巨大竞争压力、急功近利的社会氛围和多方面诱人利益的驱动下，个别学者忽视自身职业道德建设，背离了基本的科学道德，利用管理体制的各种漏洞铤而走险，在科学研究和学术活动中实施各种造假、抄袭、剽窃和其他违背科学共同体惯例的行为。最早明确提出学术不端行为定义的是 1988 年美国政府的《联邦公告》，将其表述为“在申请课题、实施研究、报告结果中编造、伪造、剽窃或其他违背科学共同体惯例的行为”。某些科研人员由于缺乏知识产权保护和基本学术研究规范意识，认为剽窃、抄袭等学术造假行为并非一人所为，甚至认为“天下文章一大抄”，在思想意识上并不认为学术造假属于违反职业道德，甚至是违反法律的行为。还有些科研人员即便意识到了学术造假的危害，但仍然抱有侥幸心理，认为不会因此而受到处罚。

由于学术研究活动是由项目资金申请、项目实施、项目成果鉴定、项目论文的评审和发表、项目成果评价等各个阶段组成的统一过程，因此每个阶段都存在发生学术不端行为的可能性。在不同的研究阶段，学术不端行为的表现形式是不一样的。2005 年 3 月，《国家自然科学基金委员会监督委员会对科学基金资助工作中不端行为的处理办法（试行）》中规定，不端行为是指违反科学道德或违反科学基金管理规章的行为，主要包括在申请书中假冒签名、提供虚假信息、抄袭他人申请书、剽窃他人学术成果、伪造科学数据，或伪造国家机关、事业单位出具的证明等行为。2006 年，科学技术部在《国家科技计划实施中科研不端行为处理办法（试行）》中规定，科研不端行为是指违反科学共同体公认的科研行为准则的行为，包括：①在有关人员职称、简历以及研究基础等方面提供虚假信息；②抄袭、剽窃他人科研成果；③捏造或篡改科研数据；④在涉及人体的研究中，违反知情同意、保护隐私等规定；⑤违反实验动物保护规范；⑥其他科研不端行为。

案例

国家自然科学基金委通报七起科研不端行为典型案例①

2014 年 12 月 30 日，国家自然科学基金委召开“捍卫学术道德，反对科研不端”通报会，通报了 2013 年度至 2014 年度查处的科研不端行为中的 7 个典型案例。据了解，近 5 年来，国家自然科学基金委共处理科研不端行为案件 227 件，对 195 人及 11 个依托单位做出了相应处理，共撤销已获资助科学基金项目 74 项。

被通报的 7 个典型案例包括：重庆某高校郝××两次采用篡改出生年月、变造学业简历和相关证件等弄虚作假手段获得 1 项青年科学基金和 1 项面上项目；宁夏某高校王××全文抄袭剽窃他人基金项目申请书并造假；广东某高校费××盗用他人名义申报科学基金项目，伪造签名，全文抄袭剽窃北京某医院崔×的基金项目申请书；广西某高校曹××从网上购买基金项目申请书，并大篇幅套用和抄袭他人学术思想；广州某高校李×多次伪造身份证号码，申请不同类型的基金项目，并恶意篡改和删除通讯作者；北京某研究所张×抄袭剽窃他人申请书，盗用他人研究成果作为自己的研究基础；南京某高校引进人才王××伪造国外博士学位。

对于上述案件，国家自然科学基金委根据有关规定，决定对其中已经资助的项目给予撤销，追回已拨经费，对当事人进行通报批评，并取消 4 年至 7 年国家自然科学基金项目申请资格，对有疏于管理责任的依托单位给予内部

---

① 国家自然科学基金委通报七起科研不端行为典型案例［N/OL］. 生物谷. ［2020-01-20］. http://news.bioon.com/article/6664276.html.

通报批评。

国家自然科学基金委主任表示，近年来不断完善科研诚信规章制度，修订《科研不端行为处理办法》及《国家自然科学基金项目评审专家行为规范》，并启动了“科研不端行为案例库”及“科研不端行为网络举报平台”的研发工作，同时不断完善科学基金项目科研报告制度。在受理投诉举报的同时还“主动出击”，依托自主研发的“项目相似度检查系统”，查处了一批科研不端行为的典型案例，切实维护了科学基金项目评审的公平公正。

【案例评析】尽管我国加大了对学术不端行为的惩戒力度，但仍有个别人铤而走险。道德风险意识淡薄，名利思想作祟，存在侥幸心理等是这些人做出违反职业道德行为的主要原因。作为一名专业技术人员，应当把“立德立身”放在首位，守严做人的基本准则，杜绝窃取他人成果的行为，否则必将为不端行为付出代价。

三、不重视专业技术和专业能力提升

勤于业务、精益求精是职业道德的重要内容和基本要求。专业技术人员应当努力钻研所从事的专业，不断提高职业技能。精益求精指的是对自己所从事的专业工作极端负责，非常熟悉工作标准和各环节要求，自觉不断加强业务修养，积极参加专业培训，提高业务水平和能力。专业能力本身无关乎职业道德，但具体到职业活动中，缺乏专业能力，无法胜任专业工作，从一定意义上讲就是违反了职业道德。西方律师界在著名的“Coolyen Tort”一案审理中严肃指出“在所有需要提供特种技术的服务中，如果一个人提供这种服务，就被理解为他拥有与其他同行一样的技能，如果发现在实际工作中他不具备这种能力，他就对所有相信他的工作或雇佣他的人犯有一种欺诈罪”。①掌握新知识、新技术是专业技术人员的立身之本，消极懈怠，不思进取，不重视专业技术和专业能力的提升，导致知识陈旧老化，自身素质不高，就是

① 谢荣等. 中国注册会计师职业发展战略［M］. 上海：立信会计出版社，2000：22.

失职，就是一名不合格、不称职的专业人员，就意味着不能提供良好的专业服务。

以会计行业为例，会计工作是一门专业性和技术性很强的工作。会计工作的优劣有两个主要的评价因素，即会计从业人员的技能水平和道德品行。会计从业人员的技能水平是职业道德水平的保证，因此提高职业技能是更好遵循职业道德的必然要求。会计从业人员在实际工作中应当通过合理途径自觉更新知识，提高会计实务能力以适应不断变化的经济环境。如果没有精深的专业技能做保证，职业判断能力必然会出现偏差，职业道德规范的履行自然会大打折扣。会计领域职业道德失范的一个重要原因是知识老化，会计工作频于应付差事，专业技术能力较差，职业胜任能力明显不足。

在科研行业，有些科研人员不是致力于科研能力和科研水平的提升，而是忙于出席各种会议和应酬，急于提升自己的影响力，成为“拉关系、造圈子”的社会活动家。面对一小时演讲上万元的报酬，一份专家咨询报告数万元的报酬，不再潜心于专业领域的研究，满脑子想的就是如何提高自己的收入。有些科研人员不思进取，搞科研就是为了评职称，甚至有些科研人员既不想评职称也不想搞科研，成天浑浑噩噩，不愿意接受工作任务，也没有能力完成好工作任务。

专业技术人员不提升专业技术和专业能力，必然会阻碍自身发展。很多专业技术领域的执业资格、职称证书都不是终身拥有的资格，一旦专业水平下降或服务表现欠佳，执业资格将会丧失。在加拿大，人们把执业资格叫作“需要不断挣得的学历”。专业技术人员不思进取，不仅关系到自身的发展，更重要的是意味着不能提供良好的服务，有时甚至由此造成失误。律师、会计从业人员、科研人员不努力提升专业能力会带来不良后果，可能这些后果的影响并不会马上显现。但如果医生不能不断提高专业知识和专业技能，其后果是难以想象的。医学发展高新技术层出不穷，研究成果日新月异，这就要求医生在传统经验积累的基础上，注重学术发展，了解前沿技术，否则将造成医疗服务水平低下，轻则错失个人发展机会，破坏团队工作，重则浪费国家资源，甚至威胁到人民群众的生命安全。

四、钻政策和规则的空子而谋取不当利益

政策和规则的漏洞是无法避免的客观存在，在寻找漏洞者的眼中，任何制度都是有漏洞的，都有空子可钻。对规则缺乏敬畏感，希望从政策和规则的漏洞中获利，是钻空子的主要动机。

现代社会的发展进程中，来自人类自身行为和自制技术的风险无处不在，工程技术人员作为掌握专业知识和技能的人才，既可以运用信息技术提供服务，也可以利用其掌握的高端技术，比如通过软件盗版、黑客入侵、计算机病毒等方式谋取不当利益，甚至通过网络病毒等威胁社会秩序的稳定。软件存在安全漏洞是当前病毒传播的一个重要前提，通过用户电脑系统软件存在的漏洞，病毒可以在互联网用户不知情的情况下快速进入电脑。在业界存在着漏洞的“秘密报告”机制，即研究人员发现漏洞后秘密报告给软件厂商，厂商获取漏洞信息，提供修复程序，并通过自动更新或者发布公告的形式让用户安装最新版本，从而消除安全威胁，这种机制严重依赖于研究人员的道德品质。

对于掌握着专业知识和技能的专业技术人员而言，如果制度有漏洞，监管又不到位，本人又未能守住职业道德的底线，很容易引发钻政策和规则的空子谋取不当利益的行为。近年来，新闻媒体报道了多起专家在评标过程中，利用规则的漏洞谋取不当利益的案例。分析这些案例，我们发现，一方面招标评审制度不完善是客观原因，如目前的招投标制度在保密措施、评标时间等方面存在缺陷，为个别专家钻空子提供了便利和可能。另一方面，职业道德缺失是重要的主观原因。某些评标专家将程序上的漏洞转化为快速敛财之道，背离了应有的职业操守和尊严。

案例

监管缺失下的文物虚假鉴定乱象

商人谢某从市场上购买玉片，请北京某文物鉴定中心鉴定委员会主任牛某用金丝线和银丝线串连起来，制成假的“金缕玉衣”。谢某请来中国收藏家协会前秘书长王某、故宫博物院前副院长杨某、北京大学宝石鉴定中心前主任杨某、国家文物鉴定委员会前副主任委员史某等专家进行鉴定。专家们在装“金缕玉衣”的玻璃柜子外“走了一趟看了看”，便出具鉴定报告，鉴定结论为真，评估价为24亿元。商人谢某利用假的“金缕玉衣”为招牌，向银行借贷7亿多元，最终东窗事发。据媒体披露，这几位专家从中获得了几十万元的评审费用。

【案例评析】本案中，涉案的相关人员都已接受法律的制裁。文物鉴定专家们虽然没有被定罪量刑，但媒体对其职业素养和道德操守进行了强烈质疑和抨击。目前国内艺术品鉴定市场制度约束与监管的缺失，对文物鉴定专家的职业道德提出了更高的要求。国家还没有出台文物艺术品鉴定的管理法规，鉴定没有标准可依，行业资格的管理上也没有明确规定。此外，我国现行《文物保护法》没有针对文物鉴定环节承担责任的规定，对鉴定行为缺少监管约束机制，使得提供虚假鉴定者可以逃脱法律责任。本案中，作为文物鉴定的业内人士，尤其是权威的专业人士，本该遵从文化操守及职业底线，却为一己私利违背文物鉴定的科学原则和职业精神。

五、违反职业规范要求造成损失或损害

由于各行业的工作性质、特点、服务对象等存在区别，相应的职业道德具有各自的特点，职业道德规范有所不同。但无论是哪个行业的专业技术人员，都应当遵守职业规范要求。

（一）各行业的职业规范要求各不相同

教师的职业规范是：坚定政治方向、自觉爱国守法、传播优秀文化、爱

岗敬业、关爱学生、诚实守信、廉洁自律等。医生的职业规范是：遵守技术操作规范、履行医生职责、保护患者隐私、提高专业技术水平等。计算机技术人员的职业规范要求，除应当以公众利益为最高目标之外，还需要注意在收集、发布信息时尊重相关人员的名誉、隐私等合法权益。证券经纪人在所服务证券公司授权范围内从事客户招揽和客户服务等活动时，根据职业规范的要求，应符合以下要求：清晰、准确、客观地向客户介绍证券市场和证券公司的基本情况以及与证券投资和交易有关的政策法规、基础知识、业务流程，帮助客户树立正确的投资理念，增强风险意识；如实向客户传递研究报告及与证券投资有关的一切信息、证券类金融产品推介材料及有关信息，不夸大、歪曲、隐瞒、遗漏有关内容；向客户充分提示证券投资的风险，提示客户不要超越自身风险承担能力从事证券投资活动。

（二）违反职业规范要求表现形式多样

没有按照技术规范进行操作，没有尊重服务对象的隐私，或是没有如实告知服务对象投资的风险等均是违反职业规范要求的行为。比如，有一些证券经纪人为了更快更多地招揽客户，夸大证券投资的收益，隐瞒证券投资的风险，诱导客户盲目进行证券投资，从而极有可能造成客户的损失。又如，现实生活中，有些计算机技术人员疏于对自身的约束，不按照职业规范要求做，随意在网络上发布客户的信息，侵犯客户的隐私。此外，工作态度恶劣，造成不良社会影响的行为同样明显违反职业规范要求。工作态度是指专业技术人员在一定环境中对某类人或事物作出积极或消极反映的心理评价和行为。因工作态度恶劣，造成不良社会影响的行为有面向服务对象时态度冷漠、生硬、蛮横、粗暴，甚至语言粗俗，刁难服务对象并发生争吵等。

（三）违反职业规范的主观与客观原因

违反职业规范要求，既可能是主观上的疏忽，也可能是主观上的故意。这种故意可能源于对利益的追逐，也可能源于环境的影响。“劣币驱逐良币”就是一种典型的环境影响。“劣币驱逐良币”是经济学的一个著名定律。该定律描述的是：在铸币时代，当那些低于法定重量或者成色的铸币——“劣币”

进入流通领域之后，人们就倾向于将那些足值货币——“良币”收藏起来。最后，“良币”将被驱逐，市场上流通的就只剩下“劣币”了。“挤车的人若总能捷足先登，那排队的人就总也上不了车；大锅饭盛行的单位，年轻力强水平高的人另谋高就去了，老弱病残和平庸之辈就留了下来……”[①] 回到职业道德建设当中，如果违反职业道德的行为要比严格遵守职业道德的行为给行为人带来更多的利益，那么选择遵守职业道德的人的生存空间就会越来越小。只有从制度设计和管理体制上加大对违反职业道德行为的惩罚力度，才可有效化解“劣币驱逐良币”的尴尬处境。在会计行业中，会计管理体制的弊端是“劣币驱逐良币”现象产生的重要原因。一方面，会计人员要遵守法律、法规，依法依规办理会计事务，进行会计核算，实行会计监督。但另一方面，会计人员亦是所在单位的员工，其福利待遇、晋升提拔等都由所在单位决定。一般情况下，单位领导的意志与国家、公众利益是一致的。但当国家、社会公众利益与单位利益发生冲突时，一些能够做到言行一致、实事求是、正确核算的会计人员，可能面临换岗或调离，甚至“下岗”，从而出现了“劣币驱逐良币”之势。

案例

东北农业大学应用技术学院违反职业准则造成严重后果[②]

2010 年 12 月 19 日下午，东北农业大学应用技术学院畜禽生产教育 0801 班 30 名学生在动物医学学院实验室进行“羊活体解剖学实验”。2011 年 1 月，临近寒假，部分学生出现连续高烧、关节疼痛等症状。同年 3 月，因出现类似疾病而无法继续上课的学生逐渐增多。校方组织 0801 班进行检查，最终发现，全班 30 人中共有 16 人感染布鲁氏菌病。这还不是最后的数字，因为做过此类实验的，并非只有 0801 班。经过一段时间的检查后，最终统计出，共

---

① 王跃生. 为什么好人总是吃亏——漫谈劣币驱逐良币原则［J］. 经济学家茶座，2002（7）.

② 全国科学道德和学风建设宣传教育领导小组. 科学道德与学风建设宣讲参考大纲（试用本）［M］. 南京：江苏古籍出版社，2011：39-40.

有5个班级28人感染布鲁氏菌病，其中包括27名学生和1名老师，感染者被送至黑龙江省农垦总局总医院接受治疗。

布鲁氏菌病是与甲型H1N1流感、传染性非典型肺炎、艾滋病、人感染高致病性禽流感、炭疽病等20余种传染病并列的乙类传染病。病菌可以侵犯中枢神经系统，引起脑膜炎等并发症，侵蚀骨骼，引起骨骼损伤，甚至让患者丧失劳动能力，并有可能久治不愈。同时，布鲁氏菌病还属于《职业病目录》规定的乙类职业病，如果不能完全治愈，将会影响患病学生今后的职业发展。

据调查，参与实验使用的4只山羊，全部来源于一家名为青喜的养殖场。购买实验动物时，采购人未按《黑龙江省实验动物管理条例》规定，要求养殖场出具有关检疫合格证明。实验前，指导教师也未按规定对其进行现场检疫。依据黑龙江省教育厅下发的《对东北农大布鲁氏菌病处置的复查及指导意见》，该事故是一起因学校相关责任人在实验教学中违反有关规定造成的重大教学责任事故，学校对事故承担全部责任。事故责任人被免去职务，同时校方承诺为相关学生提供后期检查治疗费用，并给予现金补偿。

【案例评析】本案例中，动物采购人违反基本职业准则，未按照实验动物管理条例的要求，对实验动物的检疫进行严格把关，实验指导教师违反本人所在研究机构的生物安全规则并未尽告知义务，将员工和学生暴露于生物风险之中，从而导致28名师生染上传染病，严重危害了其身体健康，甚至可能影响学生们未来的人生发展。

该事件说明，不遵守职业规范带来的结果不仅仅是行为本身的极大风险，有时候还关乎人们的身体健康和生命安全，尤其是在专业性极强的科研领域。细节的忽略造成28名师生付出巨大的健康代价，凸显了职业规范、职业准则存在的重要性以及必要性。如果不严格遵守这些规则，带来的损失和伤害可能是无法弥补和衡量的。

六、放任违反职业道德行为导致较为严重的后果

弗洛伊德曾言："一个有道德的人是一个能从内心对诱惑进行反抗，而绝不屈从于它的人。"出于对利益的追求，或者是源于对制裁的侥幸，现实生活中仍然会有一些专业技术人员，在明知行为违反职业道德之时不加以阻止，放任这种行为的发生，最终导致较为严重的后果。

（一）放任违反职业道德行为的多种表现形式

会计人员明知道私开支票既违反职业道德又是违法行为，却抱着侥幸心理，一次得手而未被发现之后，开始放任自己的行为，最后将自己带进了铁窗之中。科研人员明知抄袭、剽窃、侵吞他人学术成果，伪造、篡改数据文献或者捏造事实等行为是严重背离科学道德的行为，但为了满足自己的私利，还是任意妄为，被曝光之后声誉尽损。专家学者利用既往工作中形成的在技术、理论等方面的威望和影响力或者领导地位，或者掌控的在评职称、授予学位等方面的资源，对与自己相左的学术观点予以批评、压制，不承认不同观点的学术成就，不宣传学术成果，限制学术自由，明知危害公平自由的学术秩序，违反职业道德，却不加以改正，造成重大损失或不良影响。卫生技术人员明知向患者推销高价药品的行为不道德，却仍然向患者推销医药代表的药，赚取回扣，将自己的利益获取建立在患者多支付医药费用的基础之上，自然会带来医患之间的矛盾与冲突。

（二）原则性不强是放任违反职业道德行为发生的主要原因

个人原则性不强，自我约束力控制力不强，不能抗拒诱惑，是放任违反职业道德行为的主要原因。"在市场经济条件下，经济刺激和物欲诱惑无所不在，当科技工作者贪图享乐、满足私利的欲望抵制不了外界的利益诱惑时，就会背离科研精神，注重和追求金钱、荣誉等，人性的弱点就会摆脱道德的

防线而恶性膨胀和自由扩散。”① 利益的驱动加上人性弱点的扩大化，直接导致专业技术人员不能抗拒诱惑，在职业道德方面失范。如果你是一名法官，那么你应该坚守的职业道德底线是公正、廉洁、为民。基本要求是忠诚司法事业、保证司法公正、确保司法廉洁、坚持司法为民、维护司法形象。如果你是一名会计，那么你应该坚守的职业道德底线是敬业爱岗、熟悉法规、依法办事、客观公正、搞好服务和保守秘密。这些职业道德的底线都是各类从业人员自我约束的准则，在没有外部压力的情况下，如果个人原则性不强，自我约束力控制力不强，就必然会屈从于内心对各种欲望的追求，不能抗拒诱惑。以新闻从业人员为例，现实生活中，因其职业特点而面临一些潜在的职业道德问题。从事政治类新闻的，有获知政府决策的便利条件，经常与政府工作人员打交道，容易产生走后门、办私事的风险。从事财经类新闻的，有获知内幕消息的便利条件，经常与金融机构打交道，容易产生利用内幕信息进行交易的想法。

（三）法不责众心理是放任违反职业道德行为发生的重要原因

在一群羊前面横放一根木棍，第一只羊跳了过去，第二只羊、第三只羊也会跟着跳过去；这时，把那根棍子撤走，后面的羊走到这里，仍然像前面的羊一样，向上跳一下，尽管拦路的棍子已经不在了，这就是所谓的“羊群效应”，也称“从众心理”。当某个群体中的大部分人对违反职业道德的行为熟视无睹，认为只要不违法，何不随其流扬其波，刻意保持独立性会让自己成为一个群体的“异类”，于是大多数人就会选择别人怎样，我亦如此，不辨是非，盲目跟从。

法不责众的心理同法治的精神是相违背的。法律不会因为违反某种法律的人数众多而从轻处罚甚至不予处罚。法律规范是一种行为准则，规定了人们可以做什么，应当做什么和不该做什么。只要是违反了法律规范的要求，

① 陈平平，张晓良，尚纳新等. 科研道德失范成因分析与科研道德建设对策思考［J］. 科学新闻，2008，9（1）.

无论违反者的多寡都会受到相应的惩罚。当周围大部分人都违反职业道德来谋取利益时，你若盲从，绝不会因为大家都这么做就免除相关规则对你的惩罚。

在以药补医的机制下，医生与医药代表之间的私下交易似乎已经成为了一种“潜规则”，而在治理药品回扣的问题上，鲜有医生因收回扣而被吊销医师执业资格的情况。既然大家都在收取回扣，我有什么理由不收取。既然收取回扣之后不会有太严重的惩罚，法不责众，有什么可怕的。基于这样的想法，一些医生无法在道德信念上固守根本，一再突破道德底线，在法不责众心理和环境影响下“随波逐流”。本是教书育人的教师，却从学生的身上谋利，小到从学生的教科书、作业本、午餐等费用上收取回扣，大到收受贿赂，诱导或是私自篡改学生志愿，究其原因，法不责众心理是重要原因之一。

案例

医跑跑事件——职业道德与逃生本能的冲突

2011 年 8 月 24 日 22 时许，上海交通大学医学院附属第三人民医院手术室突发火灾。正在手术的 6 名医护人员置尚在手术台上被全身麻醉的病人于不顾，逃离手术台，病人最终不幸身亡。该案最后的处理结果为分管消防安全的副院长被免职，院长被给予行政警告。虽然没有对 6 名医护人员进行追责，但该案引发了关于“危急时刻，医生扔下病人自行离开是否违法”的讨论。

【案例评析】《中华人民共和国执业医师法》第三条第 1 款规定：医师应当具备良好的职业道德和医疗执业水平，发扬人道主义精神，履行防病治病、救死扶伤、保护人民健康的神圣职责。本案的 6 名医护人员在发现隔壁房间起火后，完全有时间将全麻病人挪到推车上带走。医生在危急时刻留下正处于全麻状态中的病人自行离开，明知这样做违背了医护人员救死扶伤的天职，违反了职业道德，却为了自身的安全而为之，最后导致病人窒息死亡，这一案例的警示作用是显而易见、令人深思的。

第二节 违反职业道德行为的惩戒制度

惩戒制度是指对专业技术人员违反职业道德的行为予以否定性评价并给予一定的惩罚、申诫，以对其进行警示的制度。惩戒是由惩戒决定机关根据法律法规或规章制度，依照法定程序给予违法违纪但尚未构成犯罪，或虽构成犯罪但依法免予刑事处罚的专业技术人员的一种行政制裁措施。

一、对违反职业道德行为进行惩戒的依据

违反职业道德会受到惩戒，但惩戒的主体各有不同，约束力大小也有较大的区别。具体来说，违反职业道德可能会受到舆论惩处、纪律处分、行规处罚，甚至法律制裁。舆论惩处所依据的是人们内心的道德规范标准，即人们内心所认定的“道德”与“不道德”标准。纪律处分通常依据的是的纪律规范，如党政干部纪律、群团组织纪律等。行规处罚通常依据的是行业共同体的执业规范、行业准则等。法律制裁则是由国家强制力保障实施的制裁手段，也是最具强制力的方式，所依据的是法律法规。对专业技术人员违反职业道德行为进行惩戒的依据主要是事业单位工作人员相关规定和行业性规范。

（一）事业单位工作人员相关规定

《事业单位工作人员处分暂行规定》（以下简称《处分规定》）详细规定了事业单位工作人员违法违纪的行为表现及其适用的处分，对在事业单位工作的专业技术人员恪守职业道德具有法律约束力。

《处分规定》第二十条规定：有下列行为之一的，给予警告或者记过处分；情节较重的，给予降低岗位等级或者撤职处分；情节严重的，给予开除处分。①利用专业技术或者技能实施违法违纪行为的；②有抄袭、剽窃、侵吞他人学术成果，伪造、篡改数据文献，或者捏造事实等学术不端行为的；③利用职业身份进行利诱、威胁或者误导，损害他人合法权益的；④利用权威、地位或者掌控的资源，压制不同观点，限制学术自由，造成重大损失或

者不良影响的；⑤在申报岗位、项目、荣誉等过程中弄虚作假的；⑥工作态度恶劣，造成不良社会影响的；⑦其他严重违反职业道德的行为。《处分规定》采取归类、列举的形式，对当前社会关注度高、群众反映强烈、严重影响专业技术人员职业群体形象的违反职业道德行为进行重点防范和惩处，为约束在事业单位工作的专业技术人员行为，预防和惩戒违法违纪行为提供了依据，提高了惩戒工作的权威性和公信力。

（二）行业性规范

教育、医疗卫生、科技等各行业主管部门颁布的行业性规范，是相关行业对违反职业道德行为进行惩戒的主要依据。

2018 年修订的《中小学教师违反职业道德行为处理办法》针对中小学教师违反职业道德的行为，明确除可以视情节轻重分别给予警告、记过、降低专业技术职务等级、撤职、开除或者解聘用合同等处分之外，还可采取批评教育、诫勉谈话、责令检查、通报批评，以及取消评奖评优、职务晋升、职称评定、岗位聘用、工资晋级、申报人才计划资格等其他处理办法。

《高等学校教师职业道德规范》提出，建立健全对高校教师违反师德行为的惩处机制。高校教师不得有下列情形：损害国家利益，损害学生和学校合法权益的行为；在教育教学活动中有违背党的路线方针政策的言行；在科研工作中弄虚作假、抄袭剽窃、篡改侵吞他人学术成果、违规使用科研经费以及滥用学术资源和学术影响；影响正常教育教学工作的兼职兼薪行为；在招生、考试、学生推优、保研等工作中徇私舞弊；索要或收受学生及家长的礼品、礼金、有价证券、支付凭证等财物；对学生实施性骚扰或与学生发生不正当关系等。

《科技工作者科学道德规范（试行）》列举了学术不端行为，包括在科学研究和学术活动中各种造假、抄袭、剽窃和其他违背科学共同体惯例的行为，并且详细规定了对学术不端行为的监督。

《医疗机构从业人员行为规范》针对医疗机构从业人员在医疗服务、诊疗行为中存在的问题进行了相应规范，在对基本行为作出规范之外，还突出职业类别，对应当遵守的行为规范分类作出了规定，分别详细列举了管理人员、医师、护士、药学技术人员、医技人员、其他人员等 6 类人员的具体行为规范。

《中国注册会计师协会会员执业违规行为惩戒办法》明确了应当视情节给予训诫、行业内通报批评或公开谴责的 12 种违反注册会计师职业道德规范的行为：①由于经济利益、自我评价、关联关系和外界压力等因素导致违反独立性要求的；②宣称自己具有事实上不具备的专业知识、技能、经验或资质的；③泄露客户商业秘密或利用客户商业秘密为自身或他人谋取利益的；④泄露执业中获取的证券交易内幕信息或利用内幕信息为自身或他人谋取利益的；⑤对客户或其他有关单位和个人进行强迫、欺诈、利诱的；⑥除法律、法规另有规定外，以收费方式提供鉴证服务的；⑦在接任审计业务时蓄意侵害前任注册会计师合法权益的；⑧明示或暗示有能力影响司法机关、监管机构或其工作人员的；⑨利用与司法机关、监管机构或其他具有社会管理职能组织的关系，进行不正当竞争的；⑩为招揽客户而向推荐方支付佣金、回扣，或向第三方推荐客户而收取佣金的；⑪以低于成本的收费承揽业务的；⑫捏造、散布虚假事实，损害、诋毁其他会员声誉的。

二、对违反职业道德行为进行惩戒的主要制度

（一）失信联合惩戒制度

我国进行诚信体系建设的主要依据是《国务院关于印发社会信用体系建设规划纲要（2014—2020 年）的通知》（国发〔2014〕21 号）、《国务院办公厅关于加强个人诚信体系建设的指导意见》（国办发〔2016〕98 号）、《国务院关于建立完善守信联合激励和失信联合惩戒制度　加快推进社会诚信建设的指导意见》（国发〔2016〕33 号）等。文件要求，以律师、教师、执业药师、会计审计人员、金融从业人员等职业人群为主要对象，有关部门要加快建立和完善个人信用记录形成机制，及时归集有关人员在相关活动中形成的诚信信息，确保信息真实准确，实现及时动态更新。对重点领域严重失信个

人实行联合惩戒，依法依规采取行政性约束和惩戒措施。2018 年，为加强会计诚信建设，建立健全会计人员守信联合激励和失信联合惩戒机制，推动会计行业进一步提高诚信水平，财政部出台《关于加强会计人员诚信建设的指导意见》(财会〔2018〕9 号)。该意见明确，建立严重失信会计人员“黑名单”制度。将有提供虚假财务会计报告，做假账，隐匿或者故意销毁会计凭证、会计账簿、财务会计报告，贪污，挪用公款，职务侵占等与会计职务有关违法行为的会计人员，作为严重失信会计人员列入“黑名单”，纳入全国信用信息共享平台，依法通过“信用中国”网站等途径，向社会公开披露相关信息。对严重失信会计人员实施约束和惩戒。在先进会计工作者评选、会计职称考试或评审、高端会计人才选拔等资格资质审查过程中，对严重失信会计人员实行“一票否决制”。对于严重失信会计人员，依法取消其已经取得的会计专业技术资格；被依法追究刑事责任的，不得再从事会计工作。支持用人单位根据会计人员失信的具体情况，对其进行降职撤职或解聘。

2019 年 8 月，科研诚信建设联席会议第七次会议召开。科研诚信建设联席会议成立于 2007 年，成员单位有科技部、最高人民法院、卫生健康委、军委科技委、中国科协、自然科学基金委等 20 多家单位。会议强调，科技部以科研诚信严重失信行为数据库为基础，开发建设了覆盖全国的统一的科研诚信管理信息系统，并已正式开通运行。目前，科研诚信审核已覆盖科技计划项目、基地建设、人才计划和科技奖励、评审专家库等的申报、组织实施、验收、监督和评估各环节，已对数十个专项、上千个项目和课题、近 20 万人次开展诚信审核，对存在严重失信行为的项目和课题负责人取消承担资格。

(二) 行业惩戒

行业惩戒指的是行业共同体对本行业内部成员违反执业守则、职业道德、法律规定的行为，依据相关法律规范，要求其承担与其行为性质、情节、后果相适应的责任。以律师行业为例，我国的律师行业惩戒权主要在司法机关，但随着律师行业自律程度的提高，行业协会自治能力的提升，惩戒权的社会化趋势比较明显。我国律师协会采取强制入会的方式，2017 年修订的《律师协会会员违规行为处分规则（试行）》规定，律师协会对会员违规行为作出的行业处分种类有：①训诫；②警告；③通报批评；④公开谴责；⑤中止会员权利1个月以上1年以下；⑥取消会员资格。其中，在应给予训诫、通报批评、公开谴责处分的行为中，有很多是违反职业道德的行为，如泄露当事人的商业秘密或者个人隐私；为争揽业务，向委托人作虚假承诺，向当事人明示或者暗示与办案机关、政府部门及其工作人员有特殊关系等。

2008年，中国注册会计师协会印发《中国注册会计师协会会员执业违规行为惩戒办法》《中国注册会计师协会惩戒委员会暂行规则》《中国注册会计师协会申诉委员会暂行规则》，明确对会员违规行为给予惩戒的种类有：①训诫；②行业内通报批评；③公开谴责。违反注册会计师职业道德的，应当给予行业惩戒。2020年1月8日，中国注册会计师协会对《中国注册会计师职业道德守则》进行了全面修订，公开征求意见。征求意见的修订稿建立了职业道德概念框架，提供解决职业道德问题的思路和方法，指导注册会计师遵循职业道德基本原则。修订稿将守则中“礼品和款待”部分改为“利益诱惑”部分，将该部分守则的适用范围扩展到多种利益诱惑，同时强调，非执业会员不得因面临其他人员施加的压力违反职业道德基本原则，也不得向其他人员施加压力使该人员违反职业道德基本原则。守则的修订顺应经济社会发展对注册会计师诚信和职业道德水平提出的更高要求，同时吸收借鉴国际职业道德守则的最新成果，并保持与之持续动态趋同，为会计从业人员的行为提供基本遵循。

三、对违反职业道德行为进行处分的原则、权限和程序

处分是专业技术人员违反职业道德时应当承担的行政法律责任，是一种惩戒形式。具体来说，它是指处分决定单位对专业技术人员违反职业道德行为，依照法定权限实施的一种惩戒措施。

（一）处分的原则

违反职业道德行为的处分应当遵循的基本原则包括公正、公平原则，教

育与惩处相结合原则，错责相适应原则等。

一是公正、公平原则。公正是指要准确掌握违反职业道德行为的性质和情节，正确适用处分，使违反职业道德的行为人所受处分与其应承担的纪律责任相适应。公平是指对于所有违反职业道德行为人进行处分时必须运用同一尺度平等对待；对同样性质和情节的违反职业道德行为应做出相同的处理，不能因其职务、资历的不同而有所不同，要一律平等、毫无偏私。

二是教育与惩处相结合原则。具体来说，在惩处的同时，要将教育贯穿于惩处过程中。通过惩处使违反职业道德的行为人认识错误、改正错误，同时对其他人员起到教育、警示和抑制违反职业道德行为的作用。惩处对于违反职业道德的行为人来说，是其所应承担的行政法律责任，是为其错误行为必须要付出的“代价”，也是一级组织对违反职业道德行为人的挽救、纠正。

三是错责相适应原则。错责相适应指的是处分应当与违反职业道德行为的性质、情节和危害程度相适应，处分的轻重与违反职业道德行为的错误程度相适应。

此外，处分还应当事实清楚、证据确凿、定性准确、处理恰当、程序合法、手续完备。事实清楚是指违反职业道德行为发生的时间、地点、动机、目的、手段、后果以及其他有关情况必须清楚，这是对违反职业道德行为正确量化定性的客观基础。证据确凿是指给予违反职业道德行为人处分的证据，必须真实，并已查证属实，能够充分证明违反职业道德行为的存在及其性质、情节和危害程度，依法给予违反职业道德行为人相应的处分。程序合法是给予处分的整个过程必须符合规定的程序。手续完备指进行处分时必须按照规定履行手续。

（二）处分权限

根据《处分规定》第二十三条的规定，警告、记过、降低岗位等级或者撤职处分，按照干部人事管理权限，由事业单位或者事业单位主管部门决定。其中，由事业单位决定的，应当报事业单位主管部门备案。考虑到开除作为最严厉的处分种类，需要慎重考虑和把握，同时规定，“开除处分由事业单位主管部门决定，并报同级事业单位人事综合管理部门备案”，体现了对开除处分严格掌握的要求。

（三）处分程序

处分程序是指有权作出处分决定的单位在处分工作中所应当履行的步骤和手续。根据《处分规定》第二十四条规定，对事业单位工作人员作出处分的程序包括：初步调查、立案；调查取证，形成书面调查报告；听取被调查的事业单位工作人员的陈述、申辩，并对其所提出的事实、理由和证据进行复核，记录在案；按照处分决定权限，作出给予处分、免予处分或者撤销案件的决定；处分决定单位印发处分决定；将处分决定以书面形式通知受处分本人和有关单位，并在一定范围内宣布；归档；处分决定自作出之日起生效。《处分规定》同时也对解除处分的情形做出了规定。

第三节 违反职业道德行为的后果及惩戒

对于违反职业道德行为的惩戒应当遵循“惩前毖后，治病救人”的原则，在制度设计上应当注重保护专业技术人员的职业热情，维护职业权利，充分调动其职业积极性。惩戒不是最终的目的，而是通过惩戒的手段达到促使专业技术人员坚守职业操守，谨遵职业道德，落实职业规范，完善职业行为。现实生活中，违反职业道德行为所带来的典型后果及惩戒具体表现为：因不进取行为而失去发展机会、因不称职行为而带来声誉损害、因触犯行规而受到从业限制、从失德滑向违法而受到制裁等。

一、因不进取行为而失去发展机会

专业技术人员是知识工作者，所从事的工作需要不断进行知识更新。如果专业技术人员不积极主动进行知识更新，就很难适应不断发展变化的社会情况，也无法提供高质量的专业服务，最终因为自身的不进取行为失去发展机会，直至无法胜任专业技术工作。俗话说，种瓜得瓜，种豆得豆。混日子自然就没有发展机会。在国外，职业资格获取之后，从业人员仍然是需要终身学习的，以美国的档案职业资格为例，它并非终身认证，在获取 5 年之后要重新参加考试或提出申请，方能有效。

试想一下，如果一名科研人员成天无所事事，既不专心课题研究，也不加强学习，单位选派进修时会考虑这样的人吗？申报课题时会考虑这样的人吗？答案都是否定的。如果一名法官得过且过，既不更新知识，也不提高法学理论水平，面对日益复杂的法律关系，各种层出不穷的新型案件，他能够胜任吗？如果连基本的工作都无法胜任，又何谈发展。

二、因不称职行为带来声誉损害

不称职行为必定会受到职业行为规范的约束，受到职业道德评价的影响，从而给当事人带来声誉损害。作为一名教师，若落得不称职的名声，有哪个家长放心将孩子交给他教育？作为一名医生，若落得不称职的名声，有哪位患者愿意将自己的生命安全交由他处置？作为一名金融从业人员，若落得不称职的名声，有哪个客户会放心将自己的财产交由他打理？作为一名科研人员，若落得不称职的名声，有谁会相信他的科研成果是经过深思熟虑，充分论证得出的结果？诸如此类，不胜枚举。“当上市公司财务丑闻曝光导致注册会计师声誉受损时，市场对涉嫌的注册会计师主审的其他上市公司做出了显著的负面反应，同时，声誉受损的注册会计师随后的市场份额遭受萎缩，审计收费也呈现下降的趋势。”① 声誉对于律师的生存发展亦同样重要，不称职行为势必会影响律师提供法律服务的水平和质量，而水平和质量的降低带来的直接结果就是律师的个人声誉受到影响。

案例

律师虚假陈述被法院判罚 1 万元

根据中国法院网的报道，在江苏省苏州市虎丘区人民法院审理一起民间

① 方军雄. 注册会计师声誉损害的代价［J］. 商业经济与管理，2009（8）.

借贷纠纷案件的过程中，原告律师在明知借条复印件与原件存在明显差异的情况下，仍多次向法院坚称其提交的是借条原件。针对这种虚假陈述行为，法院对其开出了1万元“罚单”。

2016年12月，惠某向蒋某借款7万元，后一直未按约定归还，蒋某遂诉至法院。诉讼期间，原告蒋某的委托诉讼代理人刘某向法院提交了一份7万元的借条复印件，在法官助理多次与其沟通时，刘某一直表示其所提交的是借条原件。

据原告陈述，他已经将借条的原件交给了律师，律师称自己是在开庭前3天才发现原件还在卷宗袋里。“我想迟几天提交原件没关系，也不影响法官对案情的审理判断，所以就没有主动联系法院。”直到开庭当天，承办法官在对原告单独做笔录时，才由原告本人将借条原件提交法院。

【案例评析】借条是民间借贷案件的重要证据，其为原件还是复印件对案件审理起关键作用。法官助理曾多次向刘某核实其提交的借条是否为原件，律师明知所提交的是复印件却仍然未改正。刘某的行为严重违反了法律规定的诚实信用原则，也违反了律师的职业道德，在金钱损失的同时，声誉也遭受损害。

三、因触犯行规而受到从业限制

行规，即行业规范，是指从业者在行业活动中应当遵守的职业道德和执业纪律。一个行业的行规，既是该行业从业者的行为准则，也是确保行业健康发展的重要保障。每个行业对触犯该行业规定的行为都有一定的惩戒措施，对于专业技术人员而言，因触犯行规而受到从业限制的惩戒后果是相当严重的。对于必须经过长时间学习，才能获得一定职业资格的专业技术人员，从业限制意味着至少在一段时间内不能从事相关的专业技术工作，同时也意味着在职业生涯中留下了不光彩的一笔。

自2014年3月1日起实施的《高等学校学术委员会规程》第十八条第二

款规定，对违反学术道德的行为，学术委员会可以依职权直接撤销或者建议相关部门撤销当事人相应的学术称号、学术待遇，并可以同时向学校、相关部门提出处理建议。可以想见，如果一位高校教师被撤销学术称号，取消学术待遇，这也就意味着他失去了在该行业继续发展的机会和可能，客观上其从业也会受到限制。

司法部及中华全国律师协会先后制定与颁布了诸如《律师职业道德和执业纪律规范》《律师和律师事务所违法行为处罚办法》《律师协会会员违规行为处分规则》等一系列规范性文件，强化律师职业道德和执业纪律建设。律师协会对会员违规行为实施纪律处分的种类包括：训诫、警告、通报批评、公开谴责、中止会员权利 1 个月以上 1 年以下以及取消会员资格。各省（区、市）律师协会拟对违规会员作出取消会员资格的纪律处分决定时，应当事先建议同级司法行政机关依法吊销该会员的执业证书。

《中华人民共和国注册会计师法》第二十条、第二十一条列举了注册会计师不得有的 7 种行为。3 种应当拒绝出具报告的情形：委托人示意其作不实或者不当证明的；委托人故意不提供有关会计资料和文件的；因委托人有其他不合理要求，致使注册会计师出具的报告不能对财务会计的重要事项作出正确表述的。4 种出具报告时不得有的行为：在出具报告时明知委托人对重要事项的财务会计处理与国家有关规定相抵触，而不予指明；明知委托人的财务会计处理会直接损害报告使用人或者其他利害关系人的利益，而予以隐瞒或者作不实的报告；明知委托人的财务会计处理会导致报告使用人或者其他利害关系人产生重大误解，而不予指明；明知委托人的会计报表的重要事项有其他不实的内容，而不予指明。有上述这些行为的，由省级以上人民政府财政部门给予警告；情节严重的，暂停其执行业务或者吊销注册会计师证书。

根据《中华人民共和国执业医师法》的规定，对于违反卫生行政规章制度或者技术操作规范造成严重后果，由于不负责任延误急危患者的抢救和诊治，造成严重后果等 12 种情形，由县级以上人民政府卫生行政部门给予警告或者责令暂停 6 个月以上 1 年以下执业活动；情节严重的，吊销其执业证书；

构成犯罪的，依法追究刑事责任。

案例

教育部公开曝光6起违反教师职业行为十项准则典型案例①

2019年7月，教育部公开曝光6起违反教师职业行为十项准则的典型案例，其中有3起发生在高等学校。

湖南文理学院教师刘某某私自收取并侵占学生费用问题。刘某某利用担任文史与法学学院学工办副主任、辅导员、班主任等便利，通过支付宝和微信转账方式，私自收取并侵占该校学生学杂费和班费共计77万余元。学校将刘某某案件移送公安机关立案侦查，公安机关对刘某某执行刑事拘留。刘某某的行为违反了《新时代高校教师职业行为十项准则》第二项、第九项规定。根据《中国共产党纪律处分条例》《教育部关于高校教师师德失范行为处理的指导意见》，给予刘某某开除党籍、免职等处分，根据司法机关对其涉嫌犯罪问题的处理结论，依法依规给予进一步处理。

上海海事大学教师姜某某学术不端问题。姜某某在发表的文章中抄袭他人成果，违反了《新时代高校教师职业行为十项准则》第七项规定。根据《中国共产党纪律处分条例》《教育部关于高校教师师德失范行为处理的指导意见》，给予姜某某党内严重警告、行政记过处分，停止两年内招收硕士研究生资格，取消两年内聘任高一级专业技术职务的资格。

扬州大学教师华某某性骚扰学生问题。华某某以辅导毕业设计为由，约学生单独外出，在私家车内对学生有性骚扰行为，违反了《新时代高校教师职业行为十项准则》第六项规定。根据《中国共产党纪律处分条例》《教育部关于高校教师师德失范行为处理的指导意见》，给予华某某留党察看一年、降低岗位等级处分，调离教师岗位，取消副教授专业技术职务资格、研究生指导教师资格，撤销所获荣誉称号、追回相关奖金，依法撤销教师资格。

---

① 教育部公开曝光6起违反教师职业行为十项准则典型案例［N/OL］. 教育部官网.［2019-07-31］http://www.moe.gov.cn/s78/A10/moe_601/201907/t20190731_393178.html.

【案例评析】 教育部于2018年11月8日公布实施了《新时代高校教师职业行为十项准则》，要求教师坚定政治方向、自觉爱国守法、传播优秀文化、潜心教书育人、关心爱护学生、坚持言行雅正、遵守学术规范、秉持公平诚信、坚守廉洁自律、积极奉献社会。本案中的高校教师因私自收取并侵占学生费用、学术不端、性骚扰学生等行为违反准则以及相关规定，被处以停止招生、取消专业技术职务资格、撤销教师资格等处罚，涉嫌犯罪的还将由司法机关依法给予进一步处理。

四、从失德滑向违法而受到制裁

罗斯科·庞德曾言："无论从历史的角度看待法律与道德问题，还是从分析的角度来审视法律与道德问题，都不存在一个前提——即道德与法律能够完全分开。"违反职业道德与违反法律法规往往是一线之隔，若不防微杜渐，结果必然是逐步"陷入深渊"。

道德与法律的区别主要在于后者依靠的是国家强制力来保障实施。对违反职业道德的行为进行惩戒，通常是以社会惩戒和内部惩戒为主，没有国家强制力作为后盾。社会惩戒主要指的是通过社会舆论导向对违反职业道德的行为形成舆论压力，从而使行为人自觉调整行为。内部惩戒主要指的是行业协会和组织内部通过剥夺某种社会资源对行为人进行的惩处训诫。社会惩戒和内部惩戒都不具备国家强制力，往往无法形成较强的威慑力。专业技术人员在受到这两种惩戒之后，若不加强职业道德修养、规范职业行为，往往会从失德滑向违法，最后受到法律的制裁。

《中小学教师违反职业道德行为处理办法》第四条列举了应予处理的教师违反职业道德行为包括：①在教育教学活动中及其他场合有损害党中央权威、违背党的路线方针政策的言行。②损害国家利益、社会公共利益，或违背社会公序良俗。③通过课堂、论坛、讲座、信息网络及其他渠道发表、转发错误观点，或编造散布虚假信息、不良信息。④违反教学纪律，敷衍教学，或擅自从事影响教育教学本职工作的兼职兼薪行为。⑤歧视、侮辱学生，虐待、伤害学生。⑥在教育教学活动中遇突发事件、面临危险时，不顾学生安危，擅离职守，自行逃离。⑦与学生发生不正当关系，有任何形式的猥亵、性骚扰行为。⑧在招生、考试、推优、保送及绩效考核、岗位聘用、职称评聘、评优评奖等工作中徇私舞弊、弄虚作假。⑨索要、收受学生及家长财物或参加由学生及家长付费的宴请、旅游、娱乐休闲等活动，向学生推销图书报刊、教辅材料、社会保险或利用家长资源谋取私利。⑩组织、参与有偿补课，或为校外培训机构和他人介绍生源、提供相关信息。⑪其他违反职业道德的行为。事实上，在这些违反职业道德的行为当中，同时也有一些行为触犯了法律法规。例如，上述第⑤种行为，属于违反《未成年人保护法》第二十一条的规定，学校、幼儿园、托儿所的教职员工应当尊重未成年人的人格尊严，不得对未成年人实施体罚、变相体罚或者其他侮辱人格尊严的行为。根据《未成年人保护法》第六十三条第二款的规定，学校、幼儿园、托儿所教职员工对未成年人实施体罚、变相体罚或者其他侮辱人格行为的，由其所在单位或者上级机关责令改正；情节严重的，依法给予处分。

对于新闻从业者而言，“隐性采访”是深度挖掘新闻素材的一种好方法，但稍有不慎就会带来职业道德方面的问题，甚至引发法律上的纠纷。“隐性采访”存在的合理性在于，对新闻事实的挖掘能够更为充分，能够更大程度地维护新闻的真实性。因此，新闻从业者一旦使用这种采访方法，需要谨守新闻伦理道德，同时遵守相应的法律法规。一旦突破道德底线，为搏出位滥用“隐性采访”，在违反职业道德的同时也会触犯到法律法规，如侵犯个人隐私权等人身权利，干扰法庭审判活动等。

无论是失德接受处分，还是违法受到制裁，专业技术人员都得承受惩戒带来的不利后果。以在事业单位工作的专业技术人员为例，《事业单位工作人员处分暂行规定》第七条、第八条作了具体规定：受到警告处分的，在受处分期间，不得聘用到高于现聘岗位等级的岗位；在作出处分决定的当年，年度考核不能确定为优秀等次。受到记过处分的，在受处分期间，不得聘用到高于现聘岗位等级的岗位，年度考核不得确定为合格及以上等次。受到降低岗位等级处分的，自处分决定生效之日起降低一个以上岗位等级聘用，按照事业单位收入分配有关规定确定其工资待遇；在受处分期间，不得聘用到高于受处分后所聘岗位等级的岗位，年度考核不得确定为基本合格及以上等次。事业单位工作人员受到开除处分的，自处分决定生效之日起，终止其与事业单位的人事关系。事业单位工作人员受到记过以上处分的，在受处分期间不得参加本专业（技术、技能）领域专业技术职务任职资格或者工勤技能人员技术等级考试（评审）。应当取消专业技术职务任职资格或者职业资格的，按照有关规定办理。

案例

重庆申汇会计师事务所个别注册会计师被暂停执业①

2017年2月，重庆市财政局发布《行政处罚决定书》，根据对重庆申汇会计师事务所有限公司（简称“申汇所”）2014年及2015年1月至6月执业质量和内部管控等检查中发现的违法事实，对申汇所作出了暂停经营业务1年，没收违法所得43.10万元的行政处罚；并给予2名注册会计师吊销注册会计师证书，1名注册会计师暂停执行业务1年，2名注册会计师警告的行政处罚。

处罚决定书显示，申汇所存在的主要违法违规事实包括：在未履行必要的审计程序、未获取充分适当的审计证据的情况下，出具不实的审计报告，发表不恰当的审计意见；未按照法律法规、职业道德规范和审计准则的规定指导、监督与执行审计业务；在财政局抽查的13份审计报告中，有5份报告相关的审计业务为签字注册会计师委托非本所人员、非注册会计师进行审计并编制审计底稿。签字注册会计师没有进行现场审计，且在不清楚具体审计情况下出具了审计报告；未实施严格的复核制度。在财政局抽查的13份审计

① 案例通报：申汇事务所被暂停执业一年，两名注册会计师被吊销执业资格［N/OL］. 重庆市注册会计师协会官网.［2017-02-21］http://www.cqicpa.org.cn/a/xiehuiwenjian/20170221/5060.html.

报告中，有5份报告的质量控制复核流于形式，部分无签发人、复核人签字记录。

【案例评析】 本案中的注册会计师没有按照职业道德规范要求和行业规范进行审计活动，在未履行必要的审计程序、未获取充分适当的审计证据的情况下，发表不恰当的审计意见。委托非本所人员、非注册会计师进行审计并编制审计底稿，没有进行基本的执业质量控制。因此，受到了吊销执业证书、暂停执行业务、警告等行政处罚。这一案例提醒专业技术人员应当强化职业道德意识，提高执业质量，防范执业风险。

本章思考题

1. 小王是一所科研机构的研究人员，他认为职称评定与自己无关，自己也不在乎课题报酬、出国机会、进修学习。领导交办任务的时候能推就推，他觉得有空闲的时间，喝喝茶、聊聊天才是理想的生活。你认为他的这些行为是否违反职业道德？为什么？

2. 老李是某杂志的高级记者，他所采访的对象多为政府工作人员。一来二去，老李与这些采访对象的关系都比较熟络了。老李的孩子今年正好大学毕业，面临找工作的难题。老李心想熟人社会全靠“关系”二字，于是打电话给以前的采访对象，某政府部门的一把手，希望其提供帮助，并承诺给其做一个深度报道。你认为他可以这样做吗？为什么？

3. 在专业技术人员队伍中，有些人出现违反职业道德的行为是出于“法不责众”心理，如何克服这种心理，避免“随波逐流”？

4. 专业技术人员在职业活动中如何模范地遵守职业道德？

第五章
专业技术人员践行职业道德典型事迹

本章学习目标

专业技术人员践行职业道德的先进事迹众多，本章从科技、教育、卫生等不同行业选取了 9 个具有代表性的专业技术人员典型事迹，展示他们在各自岗位上的职业操守、职业行为和职业精神，让广大专业技术人员学有榜样、赶有目标，从先进典型的感人事迹和高贵品质中受到鼓舞、汲取力量，不断提升自身职业道德水平，成为一名合格的新时代奋斗者。

职业道德楷模的先进事迹和高尚情操是专业技术人员群体的宝贵财富。这些在社会主义现代化建设中涌现的先进人物，是可亲、可敬、可信、可学的职业道德楷模，是实践职业道德的榜样。他们身上的非道德因素可能使我们仰慕、赞羡，但其中的道德因素更能使我们感到震撼，给予我们一种特殊的精神力量。这就是本章的主旨。

第一节　爱国情怀　克己奉公

习近平总书记指出：爱国是一个人立德之源、立功之本。爱国情怀是个人对祖国的诚挚热爱和深厚情感，它最本质、最直接、最重要的表现就是克己奉公、竭诚报国。本节选取“两弹一星”元勋钱学森，战略科学家黄大年和航空报国英模罗阳 3 人的典型事迹，他们的一个共同特征就在于心中充满着对祖国的深沉大爱，竭尽所能乃至穷尽毕生之力，为党、国家和人民的事业作出了不可磨灭的贡献。

投身航天　矢志报国

——“两弹一星”元勋钱学森

人物简介：钱学森　世界著名科学家，空气动力学家，中国载人航天奠基人，中国科学院及中国工程院院士，“两弹一星功勋奖章”获得者。抱着科学救国、振兴中华的坚定信念和不畏困难、无私奉献的职业精神，钱学森组建了我国第一个火箭、导弹研究所，参与了近程导弹、中近程导弹和中国第一颗人造地球卫星的研制，直接领导了中近程导弹运载原子弹“两弹结合”试验，参与制定了中国第一个星际航空的发展规划，发展建立了工程控制论和系统学等。1964 年 10 月 16 日中国第一颗原子弹爆炸成功，1967 年 6 月 17 日中国第一颗氢弹空爆试验成功，1970 年 4 月 24 日中国第一颗人造卫星发射成功都凝结着他的智慧和无私奉献。

以祖国需要确定奋斗方向

钱学森将爱国情怀融入自己工作学习的各个方面。在探寻未来奋斗方向过程中，钱学森以祖国需要两次改变专业，立志报国。1911 年钱学森出生于上海，高中毕业时，他受“实业救国”思想的影响，听从父亲的建议报考了当时最好的工科学校——交通大学（现上海交通大学和西安交通大学），攻读铁道机械工程专业。“一·二八”事变发生后，目睹上海遭到日本侵略者飞机轰炸后的惨状，钱学森深深地意识到飞机在现代战争中的重要意义，但当时的中国没有像样的航空工业，国家急需航空工程方面的人才。钱学森于是决定改学航空工程，学习能打下日本飞机的本事。为此，他用业余时间读完了校区图书馆所有的航空书籍，大学毕业后报考了国家“庚款留学”公费生，以当年航空专业第一名的成绩被美国麻省理工学院录取。

1935 年，钱学森从上海乘船前往美国留学，后来仅用一年时间就拿下了航空硕士学位。此时的钱学森已经不满足于做一名有丰富实践经验的工程师，还希望自己能成为一名有雄厚理论基础的物理学家，直接站在科学技术的最前沿。1936 年 10 月，钱学森转学来到加州理工学院，跟随世界著名力学大师冯·卡门教授，这是钱学森第二次改变专业方向。在这里，他开展了高速飞机的空气动力学、固体力学、火箭和导弹的研究，参与了大量工程实践，并和同事们一道为美国设计、研制出可以用于作战的第一代导弹，为世界航空工业的建立奠定了可靠的理论基础。

1949 年中华人民共和国成立，钱学森想尽快回到祖国。就在打算举家离开美国的前两天，钱学森突然收到移民局的通知——不准全家离开美国，钱学森自己也突然遭到联邦调查局的非法拘留，被送到移民局看守所关押起来。虽然加州理工学院的师生、钱学森的老师冯·卡门以及一些美国友好人士募集 1.5 万美元保释金把钱学森保释了出来，但是他的行动处处受到移民局的限制和联邦调查局特务的监视，不许离开所居住的洛杉矶，还要定期接受查问，钱学森就这样失去了 5 年的自由。1955 年，在周恩来总理的关怀下，钱学森一家人终于回到阔别20年的祖国。

白手起家筑起我国导弹和航天事业基础

面对新中国导弹和航天事业的薄弱基础，钱学森怀着满腔的爱国之情全身心投入到航天科技事业中。归国不久，时任解放军副总参谋长兼军事工程学院院长的陈赓专程赶赴哈尔滨为钱学森举办了欢迎晚宴。席间，他迫不及待地向钱学森提出了考虑已久的问题："中国人能不能自己搞导弹？为什么不能搞呢？外国人能，我们中国人就不能搞？难道中国人比外国人笨吗？"钱学森回答："好！我就要您这句话！"这是祖国的需要，也是民族振兴的共同心声。由此，钱学森从学术理论研究转向了大型科研工程建设，牵头研制导弹、火箭。钱学森晚年曾经跟他的秘书说："我实际上比较擅长做学术理论研究，工程上的事不是很懂，但是国家需要我干，我当时也是天不怕地不怕，没有想那么多就答应了。"

力学是世界科技发展的基础学科，回到北京，钱学森经过深思熟虑，向中国科学院提出了组建力学研究所的建议。1956年1月5日，中科院力学所正式成立，钱学森被任命为所长。他从零开始，办起物理力学研究班，开办学术讲座，用自己深厚的学术造诣和优良的科研道德言传身教，培养人才。1956年2月17日，钱学森起草的关于我国火箭、导弹事业的组织方案、发展计划及具体措施的《建立我国国防航空工业的意见书》被递交给了周恩来总理，建议随即被采纳。1956年10月8日，我国第一个火箭、导弹研究机构——国防部五院宣布成立，开始培养新中国第一批火箭、导弹技术人才，国务院任命钱学森为总工程师兼第一任院长。从此，火箭、导弹事业成了钱学森工作的重心。

在成立大会上，钱学森坦诚而谦和地说："我们是白手起家。创业是艰难的，困难很多，但我们绝不向困难低头。对待困难有一个办法，这就是'认真'两个字，只要认真，我们一定能克服困难，一定能完成党中央交给我们的光荣任务。"钱学森的讲话是一篇宣言书，从此他带领国防部五院的科研人员开始了艰难的创业和无畏的登攀。当时的状况是：人员不懂技术，缺乏图书资料，没有仪器设备，20 多位专家没有见过导弹，156 名大学生更是各学各的专业，一切都得从头开始。钱学森抓的第一件事是举办“扫盲班”。他亲自主讲《导弹概论》，每期 7 讲，连续举办 3 期。对于专家们，钱学森将他们集中到寓所，开小课，一起讨论技术上的疑难问题。

期间，钱学森参加制定《1956—1967 年科学技术发展远景规划纲要》，这是新中国成立后第一个远大规划。钱学森担任由 12 名科学家组成的综合组组长，在规划中制定了 57 项重大研究任务，其中，特别把发展原子能、导弹、电子计算机、半导体、无线电电子学和自动化技术作为重中之重的最急需项目，以迅速为新中国的科学技术发展奠定必要的基础。1956 年年初，钱学森又领衔主持制定发展我国火箭技术的远景规划：建立并发展喷气和火箭技术，以便在 12 年内使我国喷气和火箭技术走上独立发展的道路，并接近世界先进技术水平，以满足国防的需要。还提出：1963—1967 年独立设计，制造国防需要的，达到当时先进性能指标的导弹。这是钱学森主持并创建中国导弹火箭事业的开端。以后的实践证明，他主持制定的发展规划是科学的、切实可行的。钱学森担负起新中国导弹和航天事业技术领导工作的重任，预见性地组织科技人员探索固体复合推进剂，为后来研制固体火箭发动机和固体地对地战略导弹打下了良好基础。同时，他还设立空气动力研究室，组建了我国第一个空气动力学专业研究机构。

艰苦创业筑起大国重器

正当钱学森带领科研队伍披星戴月研制导弹之际，中苏关系破裂。这使中国的国防建设遭受了重大的挫折。疾风知劲草，艰难见忠良。钱学森与专家们多次会商，迅速调整与修订了研制计划。他带领科技人员艰苦奋斗，联合攻关，依靠我国自身力量，实现了导弹武器研制试验一系列重大突破。1960 年 11 月 5 日，在戈壁滩的大漠上，“东风 1 号”的仿制弹发射成功。它极大地振奋了全国人民，增强了全民族的自尊心和自信心，增添了社会各界奋发图强、战胜困难的勇气与力量。4 年后，改进型“东风 2 号”中程导弹正式发射成功。1964 年 10 月，我国第一颗原子弹爆炸成功。钱学森根据中央确定的以导弹弹头为主、空投弹为辅的核武器研究方向，适时地提出了“两弹结合”的设想，即“东风2号”导弹与核弹头的对接发射。经过两年的努力，一枚中近程导弹运载原子弹全部组装完毕。钱学森作为技术总负责人，协助聂荣臻同志组织实施了我国首次导弹与原子弹“两弹结合”试验。1966年10月27日，“两弹结合”首次试飞一举成功。中国拥有核武器的大国梦实现了！

钱学森的脚步从未停止。在“东风2号”发射成功之后不久，鉴于我国弹道导弹已经取得了突破性的进展，根据国际上发展航天器的新情况，钱学森于1965年1月8日正式向国家提交报告，建议早日制订我国人造卫星的研制计划并列入国家任务。

周恩来总理决定，组建卫星研究院（空间技术研究院），纳入军队编制，由钱学森兼任院长。身穿绿色“防护衣”的中国空间技术队伍奇迹般地茁壮成长，经过3年的紧张攻关、精密研制和艰苦试验，各项任务顺利完成。1970年4月24日下午5时30分，“长征1号”运载火箭负载“东方红1号”卫星腾空而起，疾速地飞向太空。

作为一名世界级科学家，钱学森始终站在世界科学发展的巅峰俯视发展潮流，高瞻远瞩地提出适合我国国情的建设性科学创见，从更高层次思考诸多重大科学和技术问题，提出了许多创新、超前的思想。由于钱学森归国，中国导弹、原子弹的发射至少向前推进了20年。同时，他以自己的模范行动和严谨作风、学风，培养造就了大批堪当历史重任的一流科学家和工程技术专家。在毕生实践科学报国信念的奋斗历程中，钱学森淡泊名利，人品高洁，充分展现出一位科学大师的高尚风范。他说：“我作为一名中国的科技工作者，活着的目的就是要为人民服务。如果人民最后对我一生所做的工作表示满意的话，那就是对我最高的奖赏。”

心有大我　至诚报国

——战略科学家黄大年

人物简介：黄大年　国际知名战略科学家、中国著名的地球物理学家。心怀爱国之情，笃行报国之志，黄大年带领团队在航空地球物理领域创造了多项“中国第一”，为我国“巡天探地潜海”填补了多项技术空白，为深地资源探测和国防安全建设作出了突出贡献。2018 年 3 月 1 日，黄大年当选感动中国 2017 年度人物，在庆祝中华人民共和国成立 70 周年之际，获“最美奋斗者”光荣称号。

家庭熏陶下的家国情怀

1958 年，黄大年出生在广西地质学校的一栋家属楼里，他的父母都是地质学校教师。童年时光，黄大年在父母用心的教育和陪伴中成长，父亲经常给他讲述钱学森、李四光等科学大家的故事，并注重锻炼他的应变和学习能力。良好的家庭教育和严格的科学训练，让黄大年对科学知识有着强烈的渴望，更重要的是培育了黄大年浓厚的家国情怀。在一份呈报学校的工作自述中，黄大年这样写道：“父辈们的祖国情结，伴随着我的成长、成熟和成才，并左右我一生中几乎所有的选择。这就是祖国高于一切！”

1977 年恢复高考，当时正在地质队工作并已成为一名航空物探操作员的黄大年，白天翻山越岭忙勘探工作和任务，晚上点灯熬油背课本知识，最终以高出录取线 80 分、杨梅公社高中考场第一名的成绩，考取长春地质学院应用地球物理系。长春地质学院是李四光创办的新中国第一所地质专科学校，是黄大年心中的地探学术殿堂。在这里，黄大年真正走进了地球物理学的世界，他每天泡在地质宫二楼的阅览室，连续获得“三好学生”和“标兵表现奖”。在这里，黄大年完成了本科和硕士学业。1982 年，在给同学的毕业留念册上，黄大年写的是：“振兴中华，乃吾辈之责！”

1992 年，黄大年获得“中英友好奖学金项目”的全额资助去英国留学，并以排名第一的成绩获得地球物理学博士学位。一年后，黄大年进入一家名为 ARKEX 的航空地球物理公司，经过不断奋斗，成为高级研究员和研发部主任。他麾下 300 人的科技尖兵，可以在海洋和陆地复杂环境下运用飞机、舰船等快速移动方式，对地球深部进行穿透式精确探测。他们掌控的核心技术不仅可以用于油气和矿产资源勘探，还可用于潜艇攻防和穿透侦察。这项技术是世界各国科技竞争乃至战略部署的制高点，也是国家科技实力的重要标志，黄大年的重要性不言而喻。

2009 年 4 月，吉林大学向黄大年发出了希望其回国的信息。听到母校的召唤，一颗爱国的赤子之心被彻底激活，黄大年第一时间就明确表示，考虑回国。就这样，黄大年放弃英国的优厚待遇，匆匆处理了部分家当，和妻子商定把女儿留在英国独自完成学业，于 2009 年 12 月回到祖国。“多数人选择落叶归根，但是高端科技人才，在果实累累的时候回来，更能发挥价值。现在正是国家最需要我们的时候，我们这批人应该带着经验、技术、想法和追求回来”，黄大年在回复学校邀请他回国的邮件中说。当年那个从大山深处坐着绿皮火车、颠簸四天三夜到校报到的青年现在载誉归来，深埋在他心中的“报国梦”就如火山喷发，喷薄浓烈、势不可挡。

鞠躬尽瘁　致力“弯道超车”

黄大年回国后，争分夺秒、鞠躬尽瘁地推动我国航空地球物理领域进步。回国 3 个月，科技部的一位项目负责同志就找到了黄大年，当时国家正在酝酿一个“863”“十二五”主题项目：高精度航空重力测量技术，需要一位牵头人来管团队、赶进度、指导技术等，但拿不到一分钱，也没有一个自己承担的课题。“没问题，”黄大年回答，“这是关系国家战略安全的重大研究，我愿意做。”

航空重力梯度仪是一项战略尖端技术，这项技术就像在飞机上安装“千里眼”，可以透视出地表下几百米深度内一辆卡车大小的目标，并不受地形限制，一天就可以高质量地完成传统方法几个月的工作量。早在 20 世纪 90 年代，美、英等发达国家就已使用这项技术进行军事防御和资源勘探。没有人比黄大年更清楚，在国外长期对华封锁的情况下，中国想要在这一领域取得从零到一的突破，只有抓住创新这个“弯道超车”的机遇，才能追赶历史的潮流。在跑遍全国十几个与航空重力梯度仪研究相关的科研院所，彻底摸过“家底儿”后，他通宵达旦设计科研思路，提出要“从移动平台、探测设备两条路线加速推进”，创设移动平台探测技术研发中心，启动“重载荷智能化物探专用无人直升机研制”课题。

移动平台探测技术是世界科技强国竭力追求的核心技术，难度高、覆盖广、应用性强，涉及多项交叉学科，黄大年提出在吉林大学设立新兴交叉学科学部。在经过为期一年的酝酿讨论后，2016 年 9 月，辐射地学部、医学部、物理学院、汽车学院、机械学院、计算机学院、国际政治系等院系的非行政化“科研特区”——吉林大学新兴交叉学科学部初步形成，黄大年也成为学部部长。在他的感召下，一大批在海外享有较高知名度的专家纷纷加入进来。同时，黄大年坚持以项目管理的方式抓科研协同，他引入一套项目管理系统，将任务分配到每月、每周甚至每天，用计算机记录工时，监督每个环节的项目进度。黄大年就这样把一个个虚幻抽象的概念慢慢变成现实，把各种力量拧成一股绳，全力向目标进发。

回国 7 年间，黄大年带领 400 多名科学家创造了多项“中国第一”，为我国“巡天探地潜海”填补了多项技术空白：地面电磁探测系统工程样机研制取得显著成果，为产业化和参与国际竞争奠定基础；固定翼无人机航磁探测系统工程样机研制成功，填补了国内无人机大面积探测的技术空白；无缆自定位地震勘探系统工程样机研制突破关键技术，为开展大面积地震勘探提供技术支持；万米大陆科学钻探工程样机“地壳一号”横空出世，超深井大陆科学钻探工程向前迈进。长时间争分夺秒、忘我的工作，黄大年病倒了。2017 年 1 月 8 日，黄大年因病逝世，享年 58 岁。

习近平总书记对黄大年同志先进事迹作出重要指示，强调：我们要以黄大年同志为榜样，学习他心有大我、至诚报国的爱国情怀，学习他教书育人、敢为人先的敬业精神，学习他淡泊名利、甘于奉献的高尚情操，把爱国之情、报国之志融入祖国改革发展的伟大事业之中、融入人民创造历史的伟大奋斗之中，从自己做起，从本职岗位做起，为实现“两个一百年”奋斗目标、实现中华民族伟大复兴的中国梦贡献智慧和力量。

恪尽职守　国家至上

——航空报国英模罗阳

人物简介：罗阳　歼-15舰载机工程总指挥，沈阳飞机工业（集团）有限公司董事长、总经理、党委副书记，中国航空工业集团研究员级高级工程师，2012年感动中国年度人物，被中国航空工业集团公司授予“航空报国英模”称号。2018年12月18日，党中央、国务院授予罗阳同志改革先锋称号，颁授改革先锋奖章，并获评用生命践行航空报国的优秀代表。在庆祝中华人民共和国成立70周年之际，被评选为“最美奋斗者”。

埋头苦干　航空报国

怀着“国家至上”的理念，罗阳一直致力于推动航空飞机的发展，实现“空天报国”。罗阳于1982年进入航空工业部沈阳飞机设计研究所工作，第一个10年，他是优秀的飞机设计员，第二个10年，他是优秀的飞机设计研究团队领导，第三个10年，他是优秀的飞机制造大型国有企业领导。面对国家交给的任务，面对国防和军队现代化建设的迫切需要，罗阳说：“沈飞是共和国航空工业的长子，长子就得拿出长子的样子来！”

在推动我国航空技术发展的过程中，罗阳攻坚克难、勇攀高峰，为我国航空武器装备水平的提升做出了突出贡献，为国防现代化建设立下了卓越功勋。研制航母舰载战斗机，中国是一张白纸、从零起步，而罗阳作为战略决策者和技术攻关的领军人，面对国外技术的垄断，他下决心要自己干！他在攻坚动员会上说，外国人能干成的事，我们中国人同样能干成，而且还能干得更好！

作为歼-15飞机研制现场总指挥，他提出了“面向制造的设计”和“面向设计的制造”的新理念，创造了“厂所一体、设计制造一体协作攻关”的新模式；他密切跟踪世界航空技术最新动态，带头钻研技术、攻坚克难，以破釜沉舟的决心加快研制进程。歼-15 飞机从立项论证到设计发图，从设计图纸到首飞成功，从试验试飞到辽宁舰上成功起降，实现了我国航母工程建设的历史性跨越。辽宁舰入列时，有外媒预测，中国的舰载机要实现舰上起降，至少还需一年半的时间。然而，我们的歼-15 飞机在短期内就实现了在辽宁舰上的成功起降，创造了航母工程历史上的奇迹。

攻坚克难 勇攀高峰

在罗阳的领导和指挥下，沈飞相继研制成功 5 个型号的先进战机，一架架战鹰翱翔祖国蓝天。虽然多个型号飞机并行制造科研生产任务非常繁重，可他不放弃任何一项任务，在任务节点上从来没有退缩过，攻坚克难、勇攀高峰，沈飞人印象最深的是研制歼-15 飞机过程中的三次技术攻关。

第一次是制造折叠机翼。航母舰载机机翼必须能够折叠，而燃油、液压、操控各个系统都要通过折叠部分。无论机翼怎么折叠，这些系统都要正常工作，内部结构特别复杂，技术难度非常大。罗阳亲自点将，组建了折叠机翼研制攻关团队，实施技术突破和项目推进。他每天都要到工作现场，手里总是拿着两个本子，一个是所有攻坚项目进度表，另一个是密密麻麻的计算数据和他对技术难题的解决设想。在罗阳的带领下，折叠翼研制方案改了一遍又一遍，拔掉一颗又一颗技术“钉子”。中国人终于为自己的舰载机插上了收放自如的灵活翅膀！

第二次是制造拦阻系统。由于阻拦索达不到设计要求，罗阳和科研人员一起连续几个月逐一反复推敲影响产品性能的所有因素，不断调整研制思路和主攻方向，最终解决了这个难题。在进行综合试验时，有个部件出现故障，罗阳连夜启动设计制造全过程普查，发现故障并非偶然，原因在于对设计思想理解不到位。如果只是换部件，做简单处理，就会留下致命隐患。最后，这个部件重新研制，达到了完全可靠的要求。自那以后，试验中无论出现什么故障，技术人员都会想起这件事，不把故障原因追查清楚绝不罢休。

第三次是舰上起降试验。舰载机生产出来了，罗阳要求研制团队全过程参加起降试验。他说，这好比我们的孩子，就要上考场了，我们一定要盯到底、跟到位，确保他的最佳状态。他组织研制团队多次长时间到现场跟随飞机试训，详细了解飞机功能性能状况，针对试飞遇到的问题，研究改进技术。当他听飞行员说，操控油门杆有些不适，就马上组织调整，直到飞行员感觉最舒适为止。

恪尽职守　忘我奉献

从接到舰载机任务那天起，罗阳和他的团队就一直奋战在研制现场。为了让中国的战机翱翔于蓝天，为了让舰载机驰骋于大海，罗阳的工作节奏从最初的“711”，即每周干 7 天，每天干 11 个小时，变成了任务最后冲刺 1 个月时的“720”，每天工作达到 20 个小时。

作为研制现场的总指挥，虽然他的背后有整个沈飞集团及部分沈阳 601 飞机设计所的万余名员工，但是，辽宁舰空间有限，研制团队成员不可能出现在他身边，所有的问题都靠他一个人解决，所有数据都靠他一个人提供，所有疑问都靠他一个人解答。歼-15 首次着舰试飞前，所有的问题都要清理成零，罗阳几乎是“孤军作战”。高标准的他要知道每一个细节，向海军询问下一步海试飞行的工作要求，向部队询问今后对飞机制造的要求，向总设计师询问飞机试飞时还需要做哪些改进，向司令员和参谋长询问舰载机能否满足中国海军的需求等。

2012 年 11 月 24 日，歼-15 飞机实现连续 2 天 6 次成功着舰，完成全部航母起降飞行训练，所有起落，十分完美，中国有了国产的舰载机。罗阳在舰上连续工作了 6 天，他高兴地说：“我们的孩子，没丢脸，真争气！”

2012 年 11 月 25 日，罗阳在离舰登车后，突发心脏病不幸去世。一位 86 岁的退伍老兵在参加遗体告别仪式时说：“罗阳是英雄，是国家的栋梁之材！”人们看到罗阳，就懂得了什么叫共和国航空工业的脊梁。在他身上，体现了航空人攻坚克难、勇攀高峰、一丝不苟、只争朝夕的报国情怀，体现了军工人恪尽职守、忘我奉献的崇高品德，体现了国企负责人严于律己、淡泊名利的人生境界，体现了共产党人为国为民、奋斗不息的精神风貌。

第二节 爱岗敬业 求真创新

爱岗敬业作为对专业技术人员职业道德的首要要求，基本表现为立足岗位、认真履职，更高表现为求真创新、锐意进取。本节选取的是天眼巨匠南仁东、山区治理专家李保国和杂交水稻之父袁隆平3人的典型事迹。他们的一个共同特征是敬业奉献、追求卓越、敢为人先，不断攻坚克难、精益求精，在各自的领域都做出了巨大成就，是专业技术人员的典范。

敢为人先 勇于担当

——天眼巨匠南仁东

人物简介：南仁东 中国科学院国家天文台研究员，FAST项目总工程师、首席科学家，主要从事射电天体物理与射电天文技术与方法相关领域研究。1994年，南仁东提出“中国天眼”——500米口径球面射电望远镜的工程构想，并以总工程师的身份负责项目研发、推进。2016年，历时22年的“中国天眼”工程正式完工并启用，成为目前全世界最大最灵敏的单口径射电望远镜。2018年12月18日，党中央、国务院授予南仁东同志改革先锋称号，颁授改革先锋奖章。南仁东获评“中国天眼”的主要发起者和奠基人。在庆祝中华人民共和国成立70周年之际，南仁东被授予“人民科学家”国家荣誉称号，并被评选为“最美奋斗者”。

提出伟大构想

南仁东，1945年出生于吉林辽源市，1963年作为吉林省理科状元考取清华大学无线电系，之后获得中国科学院研究生院天文学专业硕士与博士学位。1984年起，南仁东使用国际甚长基线网对活动星系核进行系统观测研究，主持完成欧洲及全球网十余次观测。1993年，时任中国科学院北京天文台副台长的南仁东赴日参加国际无线电科学联盟大会。会上，科学家们提出在全球电波环境恶化到不可收拾之前，建造新一代射电望远镜。射电望远镜是观测和研究来自天体的射电波的基本设备，20 世纪 60 年代天文学的“四大发现”：脉冲星、类星体、宇宙微波背景辐射和星际有机分子，都与射电望远镜有关。在天文研究越来越依赖大型观测设备和仪器的背景下，世界各国都在竞相建设更大口径、更灵敏的射电望远镜以获取更多来自宇宙的信息。20 世纪 90 年代，我国最大的射电望远镜口径只有 25 米，而当时美国的阿雷西博射电望远镜口径 350 米，德国的埃菲尔斯伯格射电望远镜的抛物面天线直径达 100 米，印度在赤道附近建造了 30 台 45 米口径的旋转抛物面天线的巨型米波射电望远镜。南仁东清楚地看到，在射电望远镜领域，中国尚未处于世界前列，于是他提出了一个改变中国射电天文学行进轨迹的想法：在中国境内建造直径 500 米、世界最大的单口径射电望远镜，建设中国“天眼”。

从 25 米到 500 米，是让中国天文事业实现赶超、重现辉煌的重要契机。但是，将建造 500 米口径射电望远镜（简称 FAST）的想法变成现实怎一个“难”字能够形容。它不仅是一项严密的科学工程，也是一项难度巨大的建设工程，涉及天文学、力学、机械工程、结构工程、电子学、测量与控制工程等各个领域。选点位置无从确定、关键技术无先例可循、关键材料急需攻关、核心技术遭遇封锁……一个个困难摆在面前。决心让中国这个天文古国再次走在世界前沿的南仁东坚定出发，而这一走，就是 22 年。

做世界独一无二的项目

事必躬亲，踏实前行，南仁东把构想一步步变成现实。建造面积相当于 30 个足球场、8 个鸟巢体育场的 500 米口径射电望远镜，遇到的第一个实际问题就是选址。中科院遥感与数字地球研究所的聂跃平是贵州人，对贵州喀斯特地貌早有研究，众多的喀斯特洼地能选出性价比最高的“天眼”台址。于是南仁东一次次坐上北京到贵州的绿皮火车，开始漫长的选址工作。他们先用遥感技术捕捉到 3 000 多个洼地，然后选了 300 多个圈定到数据库里，再筛选出 100 多个，一个一个“用脚去选”。乱石密布的喀斯特石山里，不少地方连路都没有，只能从石头缝间的灌木丛中，深一脚、浅一脚地挪过去。1998 年夏天，南仁东下窝凼时，瓢泼大雨从天而降，山洪裹着砂石，连人带树都能一起冲走。南仁东往嘴里塞了救心丸，连滚带爬回到垭口。南仁东的学生甘恒谦回忆说："为了选址，南老师当时几乎踏遍了那里的所有洼地。"在南仁东不顾生死、奔波十年后，终于发现四周被山体环绕，能挡住外面电磁波的大窝凼洼地。

在南仁东百折不挠的努力下，FAST 终于得以立项并开工：2007 年 7 月，FAST 作为"十一五"重大科学装置正式被国家批准立项；2008 年，国家发展和改革委员会批复了 FAST 的可行性研究报告；2009 年，中国科学院和贵州省人民政府联合批复了 FAST 项目初步设计及概算；2011 年，FAST 工程开工建设。

建造如此巨大的射电望远镜，国际上没有先例。在主动反射面设计、馈源支撑系统优化、馈源与接收机、测量与控制技术、工程建造等众多方面需要突破，而每一个工程难题南仁东几乎都参与解决。数千块单元组成的球面主动反射面技术是由南仁东主导的 FAST 最大创新点之一。主动反射面技术在以往的射电望远镜中虽已有应用，但都用在小范围的改变上，目的是通过改变单元反射面的位置来保持整个反射面的抛面形状，而 FAST 的反射面要进行大范围的运动，每一个单元反射面的作用是要将球面改成抛物面，通过主动的变形实现对天体跟踪式的观测。而要实现这种跟踪观测，对反射面上空的馈源舱定位精度要求很高。FAST 的馈源舱使用了名为"轻型索拖动馈源支撑系统"的新设计方案，由 6 座支撑塔吊起 6 根钢索，通过钢索长度的收放，调节馈源接收机与发生形变的反射面之间的相对位置关系，实现高精度定位。FAST 的馈源舱平台重量仅为 30 吨，移动起来非常灵活，与德国波恩 100 米望远镜相比，FAST 的灵敏度提高约 10 倍，与阿雷西博望远镜相比，其综合性能也提高了 10 倍。

锲而不舍　迎难而上

遇到困难，迎难而上。2010 年，FAST 遇到了最大的一次危机。由于 FAST 主动反射面的主要支撑结构采用了创新性的索网技术，对钢索结构的抗疲劳性能提出超高要求——不得低于 500MPa，这已经远超国内外相关领域的规范。他们从知名企业购买了十余种性能较好的钢索结构进行疲劳试验，结果没有一家符合 FAST 的要求，意味着 FAST 对钢索结构的高性能要求没有一家企业能够满足。当时台址开挖工程已经开始，但由于钢索问题没有解决，反射面的结构形式无法确定，设备基础工程便无法开展，南仁东等人只能将方向转向钢索的研制。当时，与国家天文台在 FAST 工程项目上进行合作的科研、工程单位有几十家，但研究此问题的却寥寥无几。唯一对此做过实验的是铁道部科学研究院，但沟通之后发现并无可借鉴的经验，FAST 必须从头开始解决材料的问题。因为无法确定问题的根源，所以研制工作要在涂层改善、锚固技术等几个方向上同时开展。在两年的时间里，经历了近百次的失败，几乎每一次的实验，南仁东都亲临现场，沟通改进措施。他们请来上海、南京等地的十几家单位以及国外钢索结构的顶级专家一起评审，幸运地找到一家既懂技术、又有经验，同时愿意配合的厂家，在工艺控制上为 FAST 提供经验和产品，最终才研制出钢索结构，让 FAST 渡过了难关。

在 FAST，南仁东是最勤奋的人，基本没什么节假日，仅每天处理的邮件就多达上百封。他常给同事们算一笔账："如果因为工作没做好，FAST 停一天，就等于国家白扔了 12 万。"作为 FAST 的总工程师，从宏观指导到技术细节，他都要进行把控。从开始主持 FAST 项目的选址、立项、可行性研究及初步设计，到各项关键技术的突破，历经了 22 年。南仁东带领团队终于将 FAST 从设想、概念、方案、蓝图一步步变为现实，"天眼"项目就像为南仁东而生，也燃烧了他最后 20 多年的人生。他胸怀祖国、服务人民的爱国情怀，敢为人先、坚毅执着的科学精神，淡泊名利、忘我奉献的高尚情操，真诚质朴、精益求精的杰出品格值得我们永远缅怀和学习。

扎根太行　创新扶贫

——山区治理专家李保国

人物简介：李保国　河北农业大学教授、博士生导师，中国知名经济林专家，山区治理专家，被誉为"太行山愚公"。李保国扎根山区，35 年时间，共在太行山示范推广了36项实用技术，完成山区开发研究成果28项，示范推广面积1 080万亩，应用面积1 826万亩，帮助当地农民累计增加农业产值超过35亿元。2018年12月18日，党中央、国务院授予李保国同志改革先锋称号，颁授改革先锋奖章。在庆祝中华人民共和国成立70周年之际，李保国被授予“人民楷模”国家荣誉称号和“最美奋斗者”称号。

“三农”情怀

李保国1958年出生于河北武邑县的一个农民家庭。1975年至1978年先后在武邑县怀甫公社广播站、武邑县机电局工作。1978年至1981年就读于河北林业专科学校桑蚕专业，毕业后留校任教。当时，学校决定在太行山区建立产学研基地，李保国作为首批课题攻关组中最年轻的成员走进了太行山，搞起山区开发研究。

邢台县浆水镇前南峪村，是李保国在太行山区的第一个家。1981年，李保国随学校在前南峪村建立产学研基地，承担山区开发与经济林栽培技术推广工作，研究解决那里土壤瘠薄、干旱缺水、“十年九旱不保收”“年年造林不见林”等重大难题。李保国说：“我是农民的儿子，我看到山区农民过苦日子，心里难受。我见不得老百姓穷。我学的东西只有在农村用得着啊。”在太行山这片贫穷而光荣的土地上，李保国立下“初心”，开始奋斗。

初到前南峪村，乡亲们见到李保国都不由惊讶，一个大学教师怎么这么土。李保国知道，自己又黑又土气的形象，容易跟乡亲们拉近距离，这样才能更好地开展工作。但是，光靠形象是远远不够的，教会农民靠科技手段管理好自家的果树和林木，让他们在短时间里增收、致富，才能让老百姓真正信服，才会全力支持自己。

前南峪村一带多是光秃的石头山，有着太行山地区的普遍特点：土层薄、不涵水、有机质少，连野生灌木都因缺少水土滋养而长得低矮瘦小。为了解决难题，李保国起早贪黑，白天去山上实地勘察，跑遍了山上的沟沟坎坎，晚上分析数据，研究破解之道，有时还把乡亲们请到自己的临时住所，虚心请教。靠着不断探索和努力，李保国和课题组摸透了山地的脾性，提出整体爆破的方法聚土截流。但是，由于当时条件有限，开沟爆破的炸药需要自己炒制，李保国冒着生命危险亲手制作土炸药，从原料配比、炒制到爆破试验等，样样亲自干。经过多年的探索与实践，李保国创造了太行山低山片麻岩区“聚续”生态农业工程技术，顺山势每隔 4 米开一条宽 1.5~2 米深 1 米的条状沟，利用深眼闷炮技术疏松下方土后蓄水，把周围的土层填充到沟里，下雨时，雨水也能汇进沟里得以保留，这样就达到了有土有水的目的。

就这样，李保国主持的“太行山石质山地爆破整地造林技术”、“太行山高效益绿化配套技术研究”相继获得成功。前南峪村的山土厚了、水多了，核桃、苹果、板栗等经济林成活率从 10%提高到 90%以上。前南峪村的沟沟壑壑变成了“太行山最绿的地方”，山顶洋槐戴帽，山中果树缠绕，山下梯田抱脚，森林覆盖率 90.7%，植被覆盖率 94.6%，还获得“全球生态环境建设 500 佳”提名，当地百姓的人均年收入达 1.06 万元，开始过上了好日子。

扎根太行　哪里需要去哪里

“我得去别的地方，别的山里了。你知道我的脾气，我是哪儿穷往哪儿钻，哪儿穷往哪儿跑”，李保国这样对前南峪村党支部书记郭成志说。1996 年 8 月，内丘县岗底村连降暴雨，山洪暴发，洪水冲走了村里 200 多亩田，山上的果树遭受严重损失，群众的生活出现很大困难。李保国作为科技救灾组的成员来到这里，看着时任村党支部书记杨双牛难过的样子，悄悄递给他一张小纸条，上面写着“需要果树管理技术，我可以帮忙”，后面留着他的家庭电话。一个月后，李保国就带着同在河北农大任教的妻子郭素萍搬到了岗底村。

以前，岗底村的苹果不套袋，卖不上价钱，李保国就教果农套袋，一些果农不认同，说：“苹果不见光、不透风，还能长吗?”李保国自己花钱买来了苹果袋，让果农白用，他对果农说：“赚了是你们的，赔了算我的。”但是，买的 16 万个苹果袋，剩下 8 万个没人领，李保国说：“别急！农民最讲实惠，他们看准了，你拉都拉不住。”结果苹果红了，套了袋的苹果细皮嫩肉，酸甜适口，一亩多卖了 3 000 多元。第二年果农自买苹果袋 160 万个，第三年购买 1 800 万个，带来效益 900 多万元。

李保国刚到岗底村里就画了两张图，一张是果园分布图，一张是村民住宅图。他说："不管本事大小，农民不认可你这个人，技术传授就会打折扣。"岗底村有大小350多个果园，谁家的果园，管得怎么样，他一清二楚。果树管不到位，地里见不到人，他就找到家里去。他说："太行人民为中国革命作出了巨大贡献，作为一名党员，有责任、有义务为太行人民脱贫致富做实事。"

在岗底，李保国培育出了被评为"中华名果"、北京"奥运专供果品"的富岗苹果。为方便村民掌握技术，他编写了富岗苹果128道标准化生产工序，人手一册，什么时候管什么，管到什么程度，明明白白。在他的督促下，村里请农校对全村208名果农进行培训，现在全村有14名技师、1名农艺师、5名高级技师。如今，岗底村年人均收入3.1万元，成为太行山区闻名的"首富村""小康村"，彻底摘掉了贫困帽子。

以科技创新带动扶贫攻坚

"让农民亲近科技、掌握科技，农业科技工作者先要学会当农民"。30多年来，李保国在山里"务农"的时间年均超过200天，稀疏的头发、黝黑的皮肤、朴素的衣服、长满茧子的双手，成了一个不折不扣的"农民教授"。几十年来，李保国把课堂建在农村基地，把学生带进太行深山，言传身教，让学生在生产实践第一线、在与农民群众的结合中，增强真感情，学习活学问，掌握真本事。在科技研究的选题上，李保国说："脱贫为科研出题，科研为脱贫解难。老百姓需要什么，我就研究什么。"他选取的，都是能广泛应用于生产，让群众增收的课题。"深眼闷炮"控制爆破松土蓄水技术、隔坡沟状梯机械整地技术、太行山片麻岩区"蓄、集、整、改、排"防洪减灾工程技术、太行山板栗集约栽培技术、优质无公害草果栽培技术、绿色核桃配套栽培技术等都为山区建设和群众带来了巨大收益。

为了把越来越多的农民变成农业专家，推动农民向知识型、技术型、职业化转变，以"扶智"提升山区"造血"功能、彻底拔去"穷根"，李保国很重视培训农民。2007年，李保国在日本长野县信州大学搞梨树矮化课题研究，看到富士苹果的发源地管理技术世界一流，便打电话要岗底村的技术员杨双奎去学习。他知道杨双奎没有出过国，便托人帮杨双奎把一切手续办好并送上飞机，亲自在机场接他。学习期间，杨双奎路费不用出，饭费不用拿，全由李保国掏腰包。

30多年来，这位脸膛比农民还黑的教授一次次爬上树梢，向果农演示剪枝疏果、枝接芽接……晚上也不闲着，李保国经常在村委会、村小学教室，用最通俗易懂的语言给果农作技术培训，先后培训太行山、燕山贫困地区农民数十万人次。2010年，岗底村191名果农获得国家颁发的果树工职业资格证书，成为全国第一个“持证下田”的村庄。

李保国35年如一日奋战在扶贫攻坚和科技创新第一线，把毕生精力投入到生态建设和科技富民事业中。35年时间，李保国共在太行山示范推广了36项实用技术，完成山区开发研究成果28项，帮助当地农民累计增加农业产值超过35亿元，太行山10万名群众脱离贫困奔小康。李保国已经不仅仅是爱岗敬业、求真创新的代表，他心系群众、扎实苦干、奋发有为、无私奉献的高尚品格是每个人学习的榜样。

专注田畴　敬业创新

——杂交水稻之父袁隆平

人物简介：袁隆平　中国国家杂交水稻工程技术研究中心暨湖南杂交水稻研究中心主任，中国工程院院士，2000年度国家最高科学技术奖获得者，联合国粮农组织首席顾问。他对杂交水稻的成功研究，使我国水稻平均亩产从300公斤提高到了649.2公斤。杂交水稻被二十多个国家引种、研究和推广。2018年9月8日获得“未来科学大奖”生命科学奖；2018年12月18日，党中央、国务院授予袁隆平改革先锋称号，颁授改革先锋奖章。袁隆平获评杂交水稻研究的开创者。2019年9月17日，国家主席习近平签署主席令，授予袁隆平“共和国勋章”。

民以食为天，国以粮为本。古今中外，各国家各民族肩负着同一个重担——解决粮食问题。20 世纪 90 年代后期，美国学者布朗撰文惊呼：21 世纪谁来养活中国，谁来拯救由此引发的全球性粮食短缺和动荡危机？中国农学家、杂交水稻之父袁隆平随即向世界宣布：中国完全能自己解决的吃饭问题，中国还能帮助世界人民解决吃饭问题！国际水稻研究所所长、印度前农业部长斯瓦米纳森博士评价："我们把袁隆平先生称为'杂交水稻之父'，因为他的成就不仅是中国的骄傲，也是世界的骄傲，他的成就给人类带来了福音。"

职业—事业

1953 年，袁隆平甘心与农为伍，毅然从重庆来到了偏僻的湘西安江农校任教。19 年的教学生涯，袁隆平积累了丰富的生物学知识和农业生产实践经验，为日后的科研打下了坚实基础。20 世纪 60 年代初期，一场罕见的饥荒席卷神州大地。袁隆平和学生们一起来到黔阳县的硖州公社支农，生产队长对他说："袁老师，你要是能研究出亩产 800 斤、1 000 斤的新稻种，那多好啊！我们就可以不怕饥荒了。""所有人不再挨饿"的期盼激励袁隆平迈向奋斗之路。他决心尽快培育出亩产过 800 斤、1 000 直至 2 000 斤的水稻新品种，用自己的科技成果战胜饥饿。

袁隆平一边教课，一边做育种研究，采取常系统选育法筛选具有稳定遗传优异性状的品种。1962 年，他在一块田里发现一株稻与众不同，穗特别大，而且结实饱满、整齐一致。袁隆平收集种子辛苦培育，希望有好的收获，但没想到再长出来的稻子高矮不齐，穗子大小不一。袁隆平没有轻易放弃，而是开始新的思考：高矮不齐，穗大穗小，毕竟还是出现了优势，说明第一年选出的"鹤立鸡群"不是纯种，而是一棵天然杂交种，因此第二年遗传性状出现分离。袁隆平突发灵感：既然水稻有杂交优势，我为什么非要选育纯种呢？从那一棵特殊的天然杂交稻开始，袁隆平开创了杂交水稻育种的新历史。而试验结果也使他确信，搞杂交水稻的研究具有光明的前景！

可是，杂交水稻是世界难题。水稻是雌雄同花的作物，自花授粉，难以一朵一朵地去掉雄花搞杂交。况且，自花授粉作物育种还是当今世界性禁区。袁隆平知难而进，他认为，雄性不育系的原始亲本，是自然突变的雄性不育株，能天然存在。中国有众多的野生稻和栽培稻种，蕴藏着丰富的种子资源，是水稻的自由王国，“外国没有搞成功的中国人不一定就不能成功”。

建业—兢业

袁隆平头顶烈日，脚踩烂泥，驼背弯腰，走进了水稻的浩浩绿海，如同大海捞针般，一穗一穗地观察寻找这从未见过的水稻雄性不育株。别人说这是自讨苦吃，他坦然答道：“为了大家不再饿肚子，我心甘情愿吃这个苦。”功夫不负有心人，袁隆平终于在第 14 天发现了一株雄花性状奇特的植株。3 年后，到 1965 年 7 月，又找到了 6 株雄性不育的植株。经过两个春秋的试验和科学数据的分析整理，他撰写出第一篇重要论文《水稻的雄性不孕性》，发表在 1966 年中国科学院主办的权威杂志《科学通报》上。这篇论文在国内开了杂交水稻研究的先河，这不是一个普通意义上的水稻育种课题的启动，而是开创了一个划时代的崭新研究领域。为了加快杂交水稻育种更代繁殖，袁隆平师徒像候鸟一样追赶太阳，南来北往育种。试验研究条件简陋艰险，甚至遭遇大地震与死神擦肩而过，都动摇不了袁隆平研究杂交水稻的决心。他把科研看得比生命还重。多年的艰苦，使他患上了习惯性肠胃炎，体重下降 10 多公斤。同事们担心，但他毫不在乎：“只要杂交稻能够培育成功，就是豁出性命，也在所不辞。”

又经过 8 年的艰苦探索，1974 年配制种子成功，1975 年获大面积制种成功，研究成果进入大面积推广阶段，1976 年在全国范围定点示范 208 万亩。10 年全国累计种植杂交稻面积 12.56 亿亩，累计增产稻谷 1 000 亿公斤以上，取得了巨大的经济效益和社会效益。

举业—勋业

创新是科研的本色，在决策研究路线的关键时刻，尤其需要创新思维。1987 年，距离杂交水稻首次大面积推广已过去 10 年，袁隆平提出杂交水稻育种的战略设想：杂交水稻的育种方式必须由繁到简，要从三系到两系，两系再到一系。这个被世界农业科技界誉之为“袁隆平思路”的非凡构想，把杂交水稻的科学探索又推向了一个新境界。2007 年袁隆平提出目标：到 2015 年每亩水稻产量提高到900公斤，达到“种三产四”，也就是种植3亩田，产出原来4亩田的稻谷。袁隆平永不满足：“在我的有生之年，我还有两大心愿：一是把超级杂交稻研究成功，大面积应用于生产，这样21世纪谁来养活中国的问题就解决了。二是让杂交稻进一步由中国走向世界，发展杂交水稻，造福世界人民。”

袁隆平告诫助手们：“搞科研，要有一种在国际上争先的精神。就像跳高一样，跳过一个高度，又有新的高度在等着你；要是不跳，早晚要落在人家后头。”他的团队深受激励，同心协力抢占杂交水稻研究的国际制高点。在袁隆平的带领下，雷厉风行，说干就干，依靠科技进步，不断创新超级杂交水稻新品种，推动全国的水稻产量再上一个新台阶。2014年10月农业部通报，已组织专家对由袁隆平院士领衔的第四期中国超级稻亩产1 000公斤攻关项目进行测产。结果显示，湖南省溆浦县第四期超级稻百亩方创造了亩产1 026.7公斤的新纪录。

第三节　仁爱诚信　正义廉洁

仁爱诚信、正义廉洁是对专业技术人员职业道德的基本要求，是在职业行为中具体体现的职业精神。本节选取了国士无双钟南山、中国医学圣母林巧稚、最美乡村教师石兰松等人的典型事迹，他们的共同特征是宽厚仁爱，正义廉洁，这些优秀的品质在他们的职业生涯中发挥了巨大作用，实现了崇高的职业价值和人生价值。

敢医敢言　力挽狂澜

——国士无双钟南山

人物简介：钟南山　著名呼吸病学专家，广州呼吸疾病研究所第一任所长，中国工程院院士。钟南山长期从事呼吸内科的医疗、教学、科研工作，主持众多国家省市科研项目，大大推动我国在慢阻肺等呼吸系统疾病方面的防治工作。2003 年在抗击“非典”中，他不顾生命危险救治危重病人，奔赴疫区指导医疗救治工作，为战胜“非典”疫情作出重要贡献。主动承担突发公共卫生事件代言人角色，向公众普及卫生知识，积极建言献策推动公共卫生应急体系建设，为夺取应对甲型流感、H7N9 禽流感、新冠肺炎等突发公共卫生事件的胜利发挥了重要作用①。先后荣获第十一届光华工程科技奖成就奖、国家科学技术进步奖一等奖、全国先进工作者、100 名改革开放杰出贡献对象、改革先锋等荣誉。

家庭的深刻影响

1936 年，钟南山出生在南京的一个医生家庭，父亲钟世藩是我国著名的儿科专家，母亲廖月琴是广东省肿瘤医院的创始人之一。钟南山说：“在我的生活中，对我影响最大的是我的父亲钟世藩。”

钟南山小时候有一次把本来要交给学校的午饭钱用来买了零食，学期快结束的时候母亲去学校问起，钟南山才说了实话。回到家，本来以为要被父亲痛打一顿，可父亲只说了几句话：“南山，你好好想想，你这么做是不是诚实。”这件事对钟南山影响很大，“做人做事得讲实话”。1969 年，钟南山参加医疗队到农村，有一个孩子尿血，当时的医生认为这孩子是肾结核，给了他一些抗痨药吃。这个孩子服药一段时间后尿血的症状减轻，钟南山认为这个治疗肯定是对的。后来回到广州见到父亲，谈起这件事情，父亲问他：“你怎么知道他是肾结核?”这把钟南山问住了，因为他从来没想过这个问题。尿血很普通，可能是膀胱的炎症，可能是结石，也可能是肾结核。这件事给钟南山一个很大的启发，就是：做任何事情，特别是当医生，做诊断或者做什么，你得有依据，不能凭印象，验证一个东西，必须要有事实根据。

敢医敢言　挂帅出征

2003 年 1 月 21 日，钟南山接到广东省卫生厅的通知，和专家小组前往中山市两家医院调查一种“怪病”。坐在车里的他，心情一点都不轻松，因为 1

① 新华社：关于改革开放杰出贡献拟表彰对象的公示［EB/OL］. 新华网［2018－11－26］. http://www.xinhuanet.com/politics

个月前他所在的广州医学院第一附属医院接收了1位从河源市送来的奇怪肺炎病人：持续高热、干咳，肺部经X光透视呈现“白肺”，使用各种抗生素却毫不见效，而且当地救治过该病人的8名医务人员均感染发病，症状与病人相同。此时，中山市也报告出现类似“怪病”以及医务人员被感染的情况。专家小组到达中山市后，夜以继日地进行调查分析，很快提交了一份涉及该病诊断、治疗、预防的《关于中山市不明原因肺炎的调查报告》。钟南山临危受命，被任命为广东省非典型肺炎医疗救护专家指导小组组长。

疫情发展迅速，有效开展诊治工作刻不容缓。“鉴于广州呼吸研究所的技术力量，同时考虑到危重病人有较强的传染性，应集中治疗。”钟南山主动向广东省卫生厅请缨，“把最危重的病人往我们医院送！”除夕之夜，万家团聚，广州医学院第一附属医院却忙着连夜布置工作，医务科、护理部、呼研所、急诊科、药品供应部、后勤服务中心、设备科等紧急部署：腾出呼吸一病区作为隔离病区；腾出ICU（重症监护室）的单间病房，用于抢救危重非典型肺炎病人；紧急采购抢救药品与消毒药品；购置19台呼吸机及抢救设备……钟南山领导的呼吸研究所成了非典型肺炎救治的技术核心与攻坚重地。面对一些医务人员的顾虑情绪，钟南山毫不犹豫地说：“医院是战场，作为战士，我们不冲上去谁上去?”

与此同时，钟南山牵头成立由呼吸病专家组成的攻关小组，配合广东省“非典”医疗救治小组抓紧研究救治方案，并成功探索出了一套大大提高危重病人抢救成功率，降低死亡率，且明显缩短治疗时间的救治方法，经专家讨论修改完善后，以《广东省医院收治非典型肺炎病人工作指引》的形式下发给各地市与医疗单位。

在抗击非典疫情中，钟南山的敢言也引起了很大关注，大大推动了抗击非典的进程。当时有权威疾控机构发布报告称，引起广东部分地区非典型肺炎的病原基本可确定为衣原体。钟南山在广东省的紧急会议上却说：“非典的元凶不是衣原体，而是病毒。”之后，钟南山牵头的联合攻关组宣布，冠状病毒的一个变种可能是导致非典型肺炎的真正原因。4天后，这一结果得到世界卫生组织正式确认。在国新办召开的面向中外记者介绍“非典”疫情的新闻发布会上，有记者问：“按照你们的看法，疫情是不是已经得到了控制？”钟南山说：“什么现在已经控制？根本就没有控制！”“中国医护人员的防护有没有到位？”“没有！”很快，中外媒体刊登了钟南山的这段对话，关心他的人都为他捏了一把汗，钟南山说：“我不知道什么叫作明哲保身，科学只能实事求是，我只知道我是一名医生，为了我的患者，我必须讲真话。”由于在抗击非典中表现卓越，2003 年 6 月 19 日，钟南山被广东省委省政府授予唯一的特等功，被广州市授予“抗非英雄”荣誉称号。2004 年被评选为 2003 年度感动中国十大人物之一。

老骥伏枥　再度出征

2019 年年底，武汉市爆发不明原因肺炎，随即被确认为新型冠状病毒肺炎。虽然不明肺炎的病原及基因组序列很早就被确认，但关于新型冠状病毒的传染性、可控制性等问题一直没有得到很好的确认和衡量，能采取的相关防疫防卫措施也非常有限。2020 年 1 月 18 日，84 岁的钟南山院士再次挂帅出征，以国家卫健委高级别专家组组长的身份逆行而上，在已经买不到当天去武汉机票的情况下，坐上高铁餐车来到武汉。从明确说出“肯定有人传人的现象”“没有特殊情况不要去武汉”“要戴口罩”等信息，到在疫情发展过程中针对各种现象和问题的发声，如呼吁医务人员规范防护并建立轮休制度，对特效药、超长潜伏期病例、中药疗效，以及血浆治疗等问题的解释，面对汹涌的疫情和舆情，钟南山院士用他的专业、诚实和坚毅筑起了阻击疫情的强大堡垒。严谨、秉直的钟南山院士，在一次采访中哽咽了，他的 1 个学生前一天晚上发讯息，说在家（武汉）听到街道上老百姓唱起国歌，很感动。“我觉得这个劲头上来了，很多东西都能解决。全国帮忙，武汉是能过关的！武汉本来就是一个英雄的城市。”

仁心医术 大爱如天

——中国医学圣母林巧稚

人物简介：林巧稚 医学家，中国妇产科学的主要开拓者、奠基人之一，在胎儿宫内呼吸、女性盆腔疾病、妇科肿瘤、新生儿溶血症等研究方面做出了突出贡献。在庆祝中华人民共和国成立70周年之际，林巧稚被评选为“最美奋斗者”。

立志从医

林巧稚1901年12月31日出生于厦门鼓浪屿一个教师家庭。林巧稚的父亲思想开明，认为女子也应培养成才，于是林巧稚5岁就进入幼稚园学习，10岁进入厦门女子师范学校。在老师的教导下，林巧稚养成了爱人如己、谦卑柔和的品性。高中毕业后，林巧稚想成为一名医生，刚好遇到北京协和医学院在全国招收学生。在考试过程中，1位女考生因中暑而昏倒，监考老师一时不知所措。林巧稚见状，立刻放下考卷对这位女生进行施救，直到其恢复正常为止，因此耽误了考试时间，没有完成英语考试。本来以为录取无望，但1个月后，林巧稚意外地收到学校的录取通知书。原来，监考老师将她舍己为人的事迹写在英语试卷后面呈报上去，校方深受感动，结合此前的优秀成绩，决定录取这位品学兼优的学生。20岁的林巧稚如愿以偿地进入北京协和医学院读书。

经过8年的刻苦学习，林巧稚在1929年6月毕业。学校为表彰她成绩优异、热心公益以及关心他人，授予林巧稚最高荣誉奖“海文奖”。毕业后，她被北京协和医院聘用，成为该院第一位女住院医生。1932年，林巧稚被协和医院派往英国曼彻斯特医学院和伦敦妇产科医院进修。1939年，她又被派赴美国芝加哥学习，一直专注于妇产医学的研究。1940年林巧稚完成在美国的学习，被授予“美国自然科学荣誉学会会员”，并荣获该学会颁发的金钥匙。回国后，她成为协和医院首位中国籍妇产科主任。

仁心宽厚

1941年年底，太平洋战争爆发，日寇关闭协和医院。林巧稚坚持留在北京，在东堂子胡同10号开设妇科门诊，为各阶层妇女看病，对贫穷百姓经常给予优惠甚至免费治疗，有时骑上毛驴到农村去为穷人看病。她一丝不苟的敬业精神以及对病人的关爱，常令病人与其家人感激不尽。1946年，林巧稚受聘兼任北大医学院妇产科主任，1948年重返协和医院任职，直到去世。在其60年的从医生涯中，林巧稚除了做研究和带学生外，还亲自接生了5万多名婴儿。很多父母以“林”字给孩子命名，例如“念林”“爱林”“敬林”和“仰林”等，以表达他们的感激之情。

20世纪50年代后，林巧稚先后担任中华医学会副主席（首位女性副主席）、北京妇产医院院长，中国医学科学院副院长等职，并当选为全国人大代表和政协委员。在这一时期内，她致力于妇产科科研队伍的建设，指导主编了中国医学杂志。在她的主持下，北京协和医院妇产科形成了一支高水平的医疗科研团队。1958年，林巧稚在北京组织医护力量对80万妇女进行了妇科普查，尤以宫颈癌作为普查重点。在其带动下，上海、广州等大城市也相继进行了类似的普查。此后，妇女罹患宫颈癌的比率大大下降，孕妇开始受到医疗监护，妇女孕育期也开始享有产假。

1980年，林巧稚因患脑血栓入院治疗。住院期间，林巧稚在接受《中国青年报》记者采访时说：“我是一名医生，经历了太多的生死。我不怕死。”在她的最后岁月里，林巧稚仍抱病参与编写《妇科肿瘤学》《家庭育儿百科》和《农村妇幼常识》等书。林巧稚毕生对妇产科学诸多领域进行的探索和研究，大大推动了我国妇产医学事业的发展，她崇高的人格、博爱的胸怀值得我们永远缅怀。

仁爱守护　摆渡希望

——最美乡村教师石兰松

人物简介：石兰松　广西上林县西燕镇大龙洞村内泽庄刁望教学点教师，

因 34 载每天划船接送学生上下学，被称为“摆渡教师”。2018 年 9 月，荣获“最美乡村教师”称号。

摆渡希望

广西上林县西燕镇的刁望教学点地处石山库区，石兰松是这个教学点唯一的老师。1985 年夏天，正在高中复读的石兰松听说自己的启蒙老师病重，就赶回来看望这位教学点里唯一的老师。老师拉着石兰松的手，希望他能留下来教书，帮助山里的孩子走出大山。临时“接班”的石兰松，这一接就是 34 年。

石兰松知道，孩子是大山里的希望，只有知识才能改变他们的命运。石兰松所在的刁望教学点，负责接收内泽庄、刁望、北乐、岜那、石盘 5 个自然屯二年级以下孩子就读。刚开始工作，他硬着头皮，挨家挨户去动员村民们送孩子上学。他不讲大道理，只是告诉大家，孩子们长大了起码要会写自己的名字吧，去卖鱼时总要会算账吧，等等。其实，在大龙洞村，导致孩子们失学或辍学的原因，除了“读书无用”的老观念，交通不便也是一个现实的难题。内泽庄屯和刁望屯之间直线距离大约只有 1 公里，但背后是陡峭的石山，脚下是深不见底的湖水。石山深崖和大龙湖阻隔了内泽庄屯和刁望屯，内泽庄屯的孩子要到刁望教学点，就得翻山越岭，很多父母担心孩子的安全，所以不愿意让孩子们去上学。

要保证入学率，就要想办法改善交通。打通山路几乎是不可能的，最后石兰松有了主意，他把自家的椿树砍了，拿出半年多积攒下来的 200 元工资，请来造船匠造船。自己撑船接送孩子们上学。在石兰松的各种努力下，孩子们来上学了，最后就连村里的十几个女娃也都上了学，石兰松的“摆渡”人生也开始启航。

坚守乡村

在石山库区，许多村民因为外出务工，生活有了很大变化，不少人西装革履地回来了，一栋栋漂亮的房子也建起来了。对石兰松来说，他自己的生活还在原来的轨迹上周而复始：在 34 个春夏秋冬里，他依旧在湖面上风里来雨里去，在2平方公里湖面上，每天来回摆渡……为学生保驾护航。发生在他生活里的最大变化是，教过的孩子一天天长大，一拨接一拨地走出大山。这背后，是时代的变迁，更是一个山区教师的坚守。

上林县西燕镇中心学校校长罗仲文介绍说，曾经也有其他老师来过刁望教学点，但都干不满1年就走了，只有石兰松老师一直坚持下来。作为村里文化程度最高的人，石兰松完全可以凭借自己的知识发家致富，也可以选择搁下船桨与教鞭，外出务工赚钱，但他却选择了留在教学点，一个人承担起班主任、船夫、保姆等多个角色。在他看来，山里的孩子不能没有老师。因为他的执着与坚守，无数乡村学子走出大山，改变了命运。

34年来，石兰松在水面上撑了多少个来回，他自己已经记不清楚。他只记着自己上课时每天至少要在水面撑4趟，每趟30多分钟，这么多年共撑坏了8艘小木船。如今，刁望教学点获得了当地党委政府100多万元的投资，用来完善教学设施，教学设施与城里小学已经没有区别。爱心人士捐助了1艘机动铁皮船，石兰松可以用它接送学生，既方便快捷，也更安全。“梦想，从这里启航”，这是印在刁望教学点入口的一句醒目标语，而石兰松，就是山里孩子梦想的摆渡人。

本章思考题

1. 钱学森为快速建立我国国防航空工业做了哪些前瞻性的贡献？

2. 罗阳说：“‘沈飞’是共和国航空工业的长子，长子就得拿出长子的样子来！”他是怎样身体力行的？

3. 从南仁东的事迹中，你怎样理解敬业与创新的关系？

4. 从钟南山的事迹中，你怎样理解岗位与社会的关系？

后　记

2019年10月，中共中央、国务院印发的《新时代公民道德建设实施纲要》提出："在全社会大力弘扬社会主义核心价值观，积极倡导富强民主文明和谐、自由平等公正法治、爱国敬业诚信友善，全面推进社会公德、职业道德、家庭美德、个人品德建设，持续强化教育引导、实践养成、制度保障，不断提升公民道德素质，促进人的全面发展，培养和造就担当民族复兴大任的时代新人。"纲要还提出要把职业道德建设作为着力点之一，推动践行以爱岗敬业、诚实守信、办事公道、热情服务、奉献社会为主要内容的职业道德，鼓励人们在工作中做一个好建设者。

"精神的力量是无穷的，道德的力量也是无穷的"。"中国梦"离不开道德支撑。中国要发展、要前进，除了要有强大的经济实力做支撑，同时还有赖于整体文明程度的提升。只有形成完备的道德建设体系，提高全社会的道德文明素质，"中国梦"的实现才会有更坚实的基础。

职业道德建设是一个理论问题更是一个实践问题。职业道德作为道德建设中的一个重要内容，其理论研究和实践伴随着整个人类社会的发展历程，面对新情况、新挑战不断深入、不断探索、不断实践。

本书是结合近年来新的形势和变化以及对专业技术人员职业道德理论与实践的研究，对2015年4月中国人事出版社出版的《专业技术人员职业道德读本》进行的修订。本书从专业技术人员职业道德建设的历史背景、现实挑战及理论研究和国内外实践出发，围绕专业技术人员职业行为与道德约束、职业道德建设的历史进程、取得的成就与面临的挑战、职业道德规范的主要内容、职业道德的养成、违反职业道德行为的惩戒、职业道德先进事迹等方面进行了详尽阐述，并结合现实，选取在实践中遇到的典型事例进行剖析，帮助专业技术人员正确处理现实中的相关问题，坚守职业道德，进而深入到个人修为层面加强职业道德建设。

本书由董志超主编，各章作者分别是：杜明鸣（第一章）、徐维（第二章、第四章）、袁娟（第三章）、张琼（第五章）。本书大纲由董志超等起草，并在有关专家和作者团队的努力下不断修改完善，在此，特别感谢王通讯、唐云岐、王淑清等专家的辛勤付出和无私帮助，特别感谢参与 2015 年版《专业技术人员职业道德读本》编写的所有作者和编辑。

本书对专业技术人员职业道德规范进行了有益的探索，希望在专业技术人员职业道德建设中发挥应有作用，也希望本书存在的缺陷能得到有益的批评，使本书在不断修改中成为一本好教材。

编者

2020 年 6 月